AF349287

BEST SELLER

BEST SELLER

JACOBO GRINBERG-ZYLBERBAUM

LA FUERZA VITAL DEL CIELO ANTERIOR

El papel utilizado para la impresión de este libro ha sido fabricado a partir de madera
procedente de bosques y plantaciones gestionadas con los más altos estándares ambientales,
garantizando una explotación de los recursos sostenible con el medio ambiente y beneficiosa para las personas.

La fuerza vital del cielo anterior

Primera edición en Debolsillo: febrero, 2026

D. R. © 1991, Jacobo Grinberg-Zylberbaum
D. R. © 2025, con la autorización de Estusha Grinberg Arditti

D. R. © 2026, derechos de edición mundiales en lengua castellana:
Penguin Random House Grupo Editorial, S. A. de C. V.
Blvd. Miguel de Cervantes Saavedra núm. 301, 1er piso,
colonia Granada, alcaldía Miguel Hidalgo, C. P. 11520,
Ciudad de México

penguinlibros.com

D. R. © 2026, Emiliano Ruiz Parra, por la semblanza
D. R. © 2026, Joaquín Nava, por la ilustración en portada
D. R. © 2026, Leilani Grinberg, por el retrato en interiores
Penguin Random House / Laura Velasco Borrero, por el diseño de portada

Penguin Random House Grupo Editorial apoya la protección del *copyright*.
El *copyright* estimula la creatividad, defiende la diversidad en el ámbito de las ideas y el conocimiento,
promueve la libre expresión y favorece una cultura viva. Gracias por comprar una edición autorizada
de este libro y por respetar las leyes del Derecho de Autor y *copyright*. Al hacerlo está respaldando
a los autores y permitiendo que PRHGE continúe publicando libros para todos los lectores.

Se reafirma y advierte que se encuentran reservados todos los derechos de autor y conexos sobre este libro y cualquiera
de sus contenidos pertenecientes a PRHGE. Por lo que queda prohibido cualquier uso, reproducción, extracción,
recopilación, procesamiento, transformación y/o explotación, sea total o parcial, ya en el pasado, ya en el presente
o en el futuro, con fines de entrenamiento de cualquier clase de inteligencia artificial, minería de datos y textos, y en
general, cualquier fin de desarrollo o comercialización de sistemas, herramientas o tecnologías de inteligencia artificial,
incluyendo pero no limitado a la generación de obras derivadas o contenidos basados total o parcialmente en este libro
cualquiera de sus partes pertenecientes a PRHGE. Cualquier acto de los aquí descritos o cualquier otro similar, así como
la distribución de ejemplares mediante alquiler o préstamo público, está sujeto a la celebración de una licencia. Realizar
cualquiera de esas conductas sin licencia puede resultar en el ejercicio de acciones jurídicas.
Si necesita fotocopiar o escanear algún fragmento de esta obra diríjase a CeMPro
(Centro Mexicano de Protección y Fomento de los Derechos de Autor, https://cempro.org.mx).

ISBN: 978-607-386-898-3

Impreso en México – *Printed in Mexico*

ÍNDICE

A Julieta Ríos

JACOBO GRINBERG-ZYLBERBAUM: EL QUIJOTE DE LA CIENCIA

Por Emiliano Ruiz Parra

Jacobo Grinberg nació el 12 de diciembre de 1946 en la Ciudad de México, en una familia de inmigrantes que habían escapado de las persecuciones antisemitas en Europa del Este. Estudió Psicología en la Universidad Nacional Autónoma de México (UNAM) y un doctorado en Neurociencias en la Universidad de Nueva York.

Jacobo Grinberg es uno de los mexicanos más desafiantes de la segunda mitad del siglo XX. Eligió el cerebro humano como tema de investigación y se propuso responder a la pregunta de dónde proviene *la experiencia*, es decir, cómo se construye la realidad en la mente. Esa respuesta lo llevó a formular la *teoría sintérgica* (*sintergia*, neologismo derivado de *síntesis* y *energía*), de la que se hablará más adelante.

Grinberg fue un hombre de ciencia, obsesionado con las mediciones objetivas y puntuales, los experimentos y las comprobaciones de laboratorio. Esa obsesión, sin embargo, no le impidió cruzar fronteras: conoció y divulgó los supuestos dones de los chamanes indígenas como Pachita, que realizaba trasplantes de órganos con un cuchillo de monte. Se tomó en serio las escuelas místicas, en especial la cábala judía y el budismo tibetano; estudió y practicó la meditación y el yoga. Sus intereses intelectuales quedaron registrados en más de 50 libros. Fue un autor prolífico que lo mismo escribió textos científicos que cuentos, novelas y una autobiografía.

En diciembre de 1994 Jacobo Grinberg desapareció. Nunca fue localizado y las autoridades no obtuvieron mayores pistas de su paradero ni de los posibles responsables de su secuestro. Su repentina ausencia provocó, primero, una temporada de olvido. Grinberg no era bien visto por la comunidad científica de su época y durante años había soportado acusaciones de charlatanería y falta de rigor científico. Con el tiempo, sin embargo, se ha formado un público dispuesto a las propuestas del doctor Grinberg. Quien se aventure a leer sus libros encontrará a un autor audaz, a un científico que cruzó fronteras y, sobre todo, a un ser humano que buscó la libertad en cada palabra escrita.

El ortodoxo

Antes de convertirse en un científico de mente abierta, Jacobo Grinberg fue un hombre de normas y estructuras tradicionales. Cuando era joven, escogió como mentor al profesor más rígido y exigente de la carrera en Psicología: el médico y neurofisiólogo Héctor Brust Carmona. "Se convertiría en la influencia más importante de mi vida —escribió el propio Grinberg—, mi ser reconocía en Brust la figura paterna que mi inconsciente anhelaba".

En los sesenta los estudios de psicología habían surgido dentro de la Facultad de Filosofía y Letras de la UNAM, que bullía entre movimientos de izquierda, pensadores existencialistas y jóvenes en pleno despertar político y sexual. El plan de estudios incluía materias más duras, como la psicofisiología, y los estudiantes debían caminar a la Facultad de Medicina a tomarlas. Entre esos profesores estaba Brust Carmona.

"Me burlaba de las emociones, considerándolas muestras de debilidad —escribió Grinberg en su autobiografía *La batalla por el templo* (1991)—, el impulso a ser admitido me perseguía siempre". Después de rigurosos exámenes, el joven Grinberg entró como aprendiz al laboratorio que dirigía Brust Carmona y se vestía siempre de bata, traje y corbata. Tanto en el laboratorio como en su vida matrimonial "todo debía vivirse de la misma forma, sin desviación alguna", recordó después. El joven Jacobo —al igual que Brust Carmona— estudiaba el núcleo caudado del cerebro: justo la parte del órgano que regula el control.

En esa época se aceptaba y practicaba la experimentación con animales. En el laboratorio de Brust lo hacían, sobre todo, con gatos. Se les abría la cabeza, se les conectaban ánodos y cátodos en el cerebro, y se les estimulaba con proteínas. Lizette Arditti, quien fue su primera esposa, me cuenta que el examen profesional de Jacobo provocó conmoción. Llevó a un gato con electrodos en la cabeza. El auditorio se crispó cuando el michi enseñó los colmillos después de que le estimularon la amígdala (un núcleo subcortical en el cerebro). En ese entonces, escribió Grinberg, "solo aceptaba los resultados de experimentos controlados". Aprendió a dominar las artes quirúrgicas, el registro encefalográfico y el método experimental. Y comprendía la física cuántica, central para sus teorías de madurez.

Y llegó 1968, ese año que subvirtió a las juventudes en diversas ciudades del mundo y, por supuesto, en la Ciudad de México. Para ese entonces, Jacobo ya empezaba a cuestionarse sus ideas sobre la vida. Y dio el paso: al igual que cientos de miles de jóvenes universitarios, se sumó al movimiento estudiantil. "Me gustaban las normas —reflexionó después— pero también empezaba ya a anhelar un cambio de estructuras". La tarde del 2 de octubre tenía planeado acudir a la marcha a Tlatelolco, pero uno de los gatos del laboratorio sufrió una crisis y Jacobo pasó horas dándole respiración de boca a boca y eso le impidió llegar a la marcha que devino en masacre. En los días que sucedieron a la matanza de las Tres Culturas, Jacobo acudió a cuidar a los gatos en medio de una universidad tomada por los soldados.

"Empecé a sentir una necesidad imperiosa de libertad y todo el control que me había impuesto comenzó a resquebrajarse, dentro de mí hervía la inquietud y el deseo de algo desconocido". Su atuendo sufrió cambios: guardó la corbata y comenzó a usar guayaberas, mezclilla y tenis.

La madre

Hay un tópico que se repite en los textos acerca de Jacobo Grinberg: el impacto que le provocó la muerte de su madre. El niño Jacobo tenía 10 años y cuidó a su mamá en su agonía, en la casa familiar de la calle Sócrates, en la colonia Polanco. Él mismo se pregunta si esa orfandad lo llevó a estudiar el cerebro, pues su madre falleció de un tumor cerebral.

"Yo pasaba mucho tiempo solo cuidando a mi mamá; pensaba yo mucho y pensaba en las distintas dimensiones del mundo", le contó a su amigo Juan José Sánchez Sosa.

Sin ese cimiento que era Estusha Zylberbaum, la familia quedó a la deriva, en manos de un padre violento y de una nana, Petra, que cuidó a los pequeños hermanos Nathán, Jacobo y Gerardo Grinberg, de acuerdo con el relato autobiográfico del propio Jacobo.

En un ambiente doméstico sofocante, Jacobo Grinberg se matriculó en la licenciatura en Física en la Facultad de Ciencias de la UNAM. Y se inscribió en un grupo sionista: quería emigrar a Israel. En ese grupo conoció a Lizette Arditti. Jacobo, recuerda Arditti, era un muchacho lector y muy intelectual, que desde entonces lucía una larga y cerrada barba negra. En unos meses se instalaron como trabajadores agrícolas en un kibutz a escasos 500 metros de la Franja de Gaza —uno de los kibutz atacados por Hamas el 7 de octubre de 2023.

"Descubrimos el amor con mucha libertad. No estaban nuestros padres para decirnos así sí o así no. Era una exploración hermosa y muy libre", recuerda Arditti más de medio siglo después. Arditti lo sigue llamando Jaco, como le decía de cariño cuando eran novios.

Un año después, Grinberg volvió a México. Su padre había tenido otro hijo con una nueva esposa: un niño "que era una hermosura", como recuerda el propio Grinberg. Ese pequeño se convertiría en el célebre actor Ari Telch. Arditti regresó también a la casa de sus padres, en Guadalajara. Jacobo la visitaba cada que podía. El propio Grinberg cuenta en sus páginas autobiográficas que era tímido y se quedaba callado en las comidas con sus suegros. Pronto abandonó la física porque reparó que las matemáticas no eran su fuerte, se matriculó en la carrera de Psicología y consiguió trabajitos como ayudante de maestro y auxiliar de laboratorio. Su amigo y también estudiante de Psicología Juan José Sánchez Sosa recuerda que ambos trabajaban en el laboratorio de la Preparatoria 4, al poniente de la Ciudad de México. Con una mínima autonomía económica, el 25 de septiembre de 1968 Jacobo y Lizette se casaron en la sinagoga de la calle Monterrey, en la colonia Roma de la Ciudad de México. Lo celebraron con un brindis en la casa de los padres de Arditti, que se habían mudado a la Ciudad de México. En 1971 nació Estusha Grinberg, la única hija de Jacobo y Lizette.

Jacobo era un muchacho bajito y regordete de —más o menos— un metro sesenta de estatura. "Un osito", como lo recuerda Juan José Sánchez Sosa. Un joven de buen sentido del humor, que contaba chistes.

"Lo recuerdo muy claramente como alguien excepcionalmente despierto. Muy perceptivo. Era optimista y muy cercano interpersonalmente. Ponía mucha atención a lo que estaba uno diciendo, lo pensaba, lo comentaba e interactuaba a partir de eso", me dice Sánchez Sosa en su laboratorio de la Facultad de Psicología, de la que es profesor emérito.

Grinberg empezó a cuestionarse ideas incluso desde su propia vida personal.

"Abrazaba a Lizette, pero soñaba con otras mujeres", escribió Grinberg en su autobiografía.

"Era todo muy lindo hasta que Jacobo empezó a despertar a otras mujeres", me cuenta Arditti. Jacobo trató de convencerla de tener una relación abierta. "Yo no pude con eso. Me dije: tengo que hacerle caso a mi corazón, no a las ideas. Y ahí hay una separación contundente y Jacobo agarra su camino".

En *La batalla por el templo* Grinberg cuenta sus múltiples búsquedas que lo llevaron a romper con maneras de ser y de pensar que había aprendido de su rígida madre y de los maestros del Colegio Israelita. Grinberg amó profundamente a las mujeres. A su hija Estusha, sobre todo, y a Lizette mientras fue su pareja. Los enamoramientos de Grinberg eran como erupciones volcánicas. Se fascinaba por una mujer y la amaba locamente unas semanas; luego llegaba el aterrizaje a la realidad, empezaban los pleitos constantes y Grinberg se sentía agobiado.

"Siento que no era muy maduro en la parte afectiva", me dice Arditti en entrevista.

La pareja intentó una reconciliación. Grinberg se fue a estudiar el doctorado a la Universidad de Nueva York, al laboratorio de Estudios del Cerebro, que dirigía Roy John. En Nueva York, Grinberg experimentó un despertar intelectual y empezó a forjar sus más revolucionarias ideas. Lizette y la pequeña Estusha lo alcanzaron y retomaron la vida familiar. Pero a las pocas semanas ocurrió lo mismo: Jacobo se sintió "en una prisión" y la pareja se separó por segunda vez. El viaje, sin embargo, fue provechoso para ambos. Lizette hizo una maestría en Psicología Humanista y descubrió su segunda vocación, la pintura. Aun después de separarse, Grinberg le llevó a Arditti cada uno de sus más de 50 libros. Sabía que ella los leería y comprendería.

Años después, Grinberg reflexionaría acerca de su rompimiento con Arditti: "Lizette era mi amiga, hermana y esposa, y ambos nos sosteníamos a la perfección. Solamente cuando se pierde una relación así se percibe lo maravillosa que era".

La teoría sintérgica

Los chamanes indígenas, los lamas tibetanos, la cábala judía. Grinberg les dedicó atención y escribió sobre ellos como ningún otro investigador mexicano de su época. Pero fue más lejos, en busca de explicarse la conciencia terminó por ofrecer una teoría del cosmos. Grinberg se preguntó cómo se forma *la experiencia*: aquello que los seres humanos percibimos y conocemos como la realidad:

"Jacobo quería entender el mundo consciente: lo que vemos, tocamos, saboreamos, sentimos. A Jacobo le interesaba el hecho de que nosotros estamos conscientes y podemos hacernos preguntas como de dónde vienen los átomos, cuál es el origen de la vida, y otras", me dice Manuel Delaflor, quien fuera su discípulo durante seis años.

Grinberg pronto se dio cuenta de que no existía una dicotomía entre la realidad y nuestra percepción, o entre la materia y la idea que tenemos de esta. Ambas eran una sola cosa y había que entenderlas como una unidad. O mejor aún, como *la Unidad*.

Y para explicarlo ofreció la teoría sintérgica.

El universo —propone esta teoría— está conectado a través de la *lattice* (celosía, enrejado), una matriz, constituida a nivel cuántico, que contiene toda la información del universo. La lattice contiene la misma información en todos y cada uno de sus puntos. Lo que nosotros conocemos como realidad es el resultado de la interacción entre la lattice y nuestro campo neuronal. Pero el ser humano no es un receptor pasivo de la lattice. La conciencia no solo recibe la información. También participa de ella. Al hacerlo, la altera y la modifica.

"Cuando la energía se concentra de cierta forma en el cerebro se produce lo que él llama un campo neuronal, que interactúa con la lattice o matriz básica del espacio, y de esta interacción surge el mundo que vemos. ¿Cómo se crea la experiencia? Es la distorsión producida por la actividad cerebral —me explica Delaflor—. Sí existe un mundo material, pero lo que nosotros percibimos está mediado por esta interacción. Lo que percibimos está construido, no está dado".

El cerebro, para Grinberg, es una estructura *similar* a la lattice: un cuerpo orgánico cuyos 12 mil millones de neuronas se conectan por medio de los axones. El cerebro, dice Grinberg, es un espejo donde se refleja la lattice. Y el órgano capaz de decodificarla por medio de un proceso que llamó la *neuroalgoritmización*.

Durante meses, Grinberg estuvo presente en la sala de operaciones de Bárbara Guerrero, *Pachita*. ¿Cómo debe reaccionar un científico ante lo que veían sus ojos? Grinberg cuenta que Pachita sacaba tumores o transplantaba órganos sanos después de extirpar riñones o pulmones enfermos. Lo que más interpelaba a Grinberg era que, de la nada, aparecían en las manos de la chamana un riñón, un pulmón o un pedazo sano de cerebro que injertaba en los cuerpos de sus pacientes.

Grinberg se explicó esos milagros por medio de su teoría sintérgica. Decía: el cerebro de Pachita es capaz de alterar la lattice. Por eso el interés de Grinberg en estudiar los cerebros de los chamanes mexicanos y los lamas tibetanos.

"Lo voy a explicar en términos especulativos: si el cerebro construye el mundo que vemos, ¿qué pasa si nos encontramos con un cerebro que no procesa el mundo como los demás? El chamán aparentemente tiene capacidades que le permiten hacer predicciones o curaciones de formas que no son entendidas de manera convencional porque su conciencia es distinta: distorsionan de otra manera la base del espacio y, por lo tanto, tienen habilidades que otros no tienen. El interés de Jacobo, más que antropológico, era 'necesito encontrar cerebros que no funcionan como los cerebros convencionales para ver si la teoría tiene sustento'", dice Delaflor.

"Todos nuestros pensamientos están interrelacionados [...] muchos ni siquiera son nuestros, sino que vienen del colectivo", anotó Grinberg. En busca de huellas medibles de la interacción entre el cerebro humano y la lattice, pensó en el concepto *potencial transferido*. Quería saber si los cerebros de dos personas podían comunicarse. El experimento era sencillo: dos personas se encontraban y conversaban. Después, metía a cada uno a una cámara de Faraday, en donde no tenían ningún tipo de contacto. Ahí, estimulaba solo al sujeto A. Quería saber si el cerebro del sujeto B, en ese mismo momento, registraba una variación eléctrica medible por los aparatos. Según el periodista Sam Quiñones —que escribió sobre Grinberg tres años después de su desaparición—, sus resultados fueron positivos en el 25 por ciento de los casos.

"Para la ciencia son casualidad. Como no se ha logrado replicarlo con un nivel estadístico confiable, la comunidad científica lo ha eliminado de sus áreas de experimentación", escribió Leah Bella Attie (*Alicia en el país de la conciencia*). Attie era la colaboradora de Grinberg que estaba a cargo de los experimentos de potencial transferido a la desaparición del investigador.

La teoría sintérgica no se tomó en serio. "Me siento como excomulgado, viviendo al margen de la sociedad, [ese ha sido] el precio a pagar por no someterme al paradigma imperante", escribió Grinberg en *La batalla por el templo*.

Meses antes de desaparecer, Grinberg recibió a un reportero. Le dijo que sus investigaciones tenían tres vertientes: el enfoque neurofisiológico, que desarrollaba en el laboratorio; el enfoque chamánico, que se hacía en el trabajo de campo, y el estudio de las distintas escuelas místicas. "Lo acusan de charlatanería", lo provocó el reportero. "La ciencia se define por su método, no por sus temas", replicó el psicofisiólogo.

Sam Quiñones hace una bella síntesis de la sintergia: "La teoría por la que Grinberg llegó a ser conocido reflejaba su personalidad. Basándose en la física y en sus experiencias con curanderos, un poquito de Einstein, un poquito de doña Pachita, su mensaje esencial era cálido y esperanzador: toda la humanidad está interconectada. Grinberg pasó casi toda su vida de adulto tratando de probar esta idea. Si tuvo éxito o no es un debate que continúa en su ausencia".

El laboratorio

Así lo describe Manuel Delaflor: "Entrabas y había un espacio de oficina con el escritorio de Jacobo enfrente de una ventana. Había libreros por todos lados y podíamos sentarnos ahí ocho o diez personas con sillas alrededor del escritorio. Luego un pasillo, otra computadora y varios estantes y aparatos de registro electroencefalográfico. Después venía un baño independiente y una cámara de Faraday en donde podía la gente entrar y estar aislados electromagnéticamente del entorno".

Leah Bella Attie y Amira Valle tenían poco más de 20 años cuando trabajaban con Jacobo Grinberg. Ellas han escrito un libro para rescatar sus memorias y los trabajos científicos que hicieron con la dirección de su maestro. Se llama *Alicia en el país de la conciencia* e hicieron una edición de autor en 2014. Ellas conocieron a Jacobo Grinberg cuando él estaba en la cuarta década de su vida. Grinberg ya había desarrollado sus principales teorías. Era consciente de la heterodoxia de sus planteamientos y del rechazo que provocaban en los científicos institucionales.

En el volumen, Attie y Valle cuentan que cuando Jacobo Grinberg llegaba enojado al laboratorio "su energía era tan fuerte que las computadoras paraban o no prendían. Teníamos que poner las manos encima para que se calmaran como si fueran cachorritos". Por el contrario, cuando Grinberg estaba feliz y entusiasmado, "el hipercampo del laboratorio cambiaba", los aparatos funcionaban a la perfección.

Jacobo Grinberg dirigía el laboratorio número 23 de la Facultad de Psicología de la UNAM, el cual obtuvo cuando lo nombraron coordinador de la maestría en Psicobiología. Allí pasaba la mayor parte de su tiempo. "Tenía cámaras de Faraday, electroencefalógrafos, equipos para inducir sonidos con bocinas; tenía registros psicofisiológicos, tasa cardiaca, pletismógrafo para respiración, [medidores de] temperatura distal periférica", recuerda Juan José Sánchez Sosa, quien, en la década de los noventa, era director de la Facultad de Psicología. La cotidianidad se desarrollaba entre computadoras, plumillas y papel de electroencefalograma.

"Jacobo era muy entusiasta y podía ser muy convincente y elocuente con las personas correctas. En la UNAM nosotros teníamos siempre las mejores computadoras antes que nadie. Era el mejor laboratorio", recuerda Delaflor.

Celebraba reuniones semanales cada viernes a las tres de la tarde. Attie y Valle cuentan que era una delicia intelectual. Discutir los proyectos de trabajo, los hacía hablar de filosofía, ciencias y disciplinas orientales. Y no tuvo problema en aceptar entre sus colaboradores al "genio autodidacta" —así lo llamaba— Manuel Delaflor, quien carecía de títulos y diplomas.

Jacobo Grinberg también se postulaba a diversas convocatorias del Conacyt y la UNAM para obtener becas para los 15 colaboradores que llegó a tener el laboratorio.

"No existían los buscadores [de internet], pero Jacobo era muy diestro buscando y encontrando qué fundaciones financiaban proyectos. Alguna vez me dijo 'no tienes idea de la cantidad de dinero que nadie usa porque nadie responde a las convocatorias'. Él conseguía dinero del Conacyt, que ya existía, con relativa facilidad", recuerda Sánchez Sosa.

Al laboratorio acudían lamas tibetanos, chamanes indígenas, cabalistas judíos, pacientes operados por Pachita. Grinberg los invitaba a que entraran a la cámara de Faraday, a ponerse gorritos con electrodos en la cabeza y medirles el *potencial evocado* y el *potencial transferido*, conceptos centrales en las investigaciones del equipo. El laboratorio era el epicentro, pero los investigadores salían a confrontar sus hallazgos. Delaflor recuerda que acompañó a su maestro a ver a luminarias contraculturales de su época como Carlos Castaneda —el autor de *Las enseñanzas de don Juan*— o el muy excéntrico jesuita Salvador Freixedo, experto en ovnis.

"Jacobo daba batallas frontales para defender el laboratorio de despiadados ataques", escribió Amira Valle. Ataques que provenían de "el grupo de neurofisiólogos que no podía aceptar que un miembro de su comunidad hubiese cambiado radicalmente el enfoque, alejándose de la ortodoxia". Por esas épocas, Grinberg dirigía el curso de meditación en el auditorio de la facultad; tenía la cátedra de Mecanismos de la Memoria, y además daba un seminario con especialistas, con quienes discutía temas diversos.

"Cuando empieza a describir estas otras experiencias que parecían no tener explicación, una gran cantidad de la comunidad científica de la UNAM y de afuera dijeron 'es otro charlatán, ya está hablando de cosas raras, no está haciendo ciencia', pero Jacobo nunca dejó de usar el laboratorio con la metodología apropiada", recuerda su amigo y colega Sánchez Sosa.

"Cerramos los jueves", decía un letrero pegado en la puerta del laboratorio. Leah Bella Attie descubriría que los jueves Jacobo Grinberg se dedicaba a meditar, hacer yoga y profundizar en prácticas orientales. Leah quiso sumarse, después uno y otro colega de su equipo se fueron animando hasta que los jueves se convirtieron en el día en que varios integrantes del laboratorio viajaban a la cabaña que Grinberg tenía en algún lugar de los Altos de Morelos. Allí les enseñó yoga, meditación autoalusiva, *Prana Yana* (una técnica de respiración) y caminatas de conciencia: a cada paso tocarse un dedo y decir za-ta-na-ma… "Era ver al académico transformarse en nuestro maestro espiritual", escribió Attie. "Durante un tiempo, cada jueves, ahí íbamos a hacer meditación. La cabaña estaba en medio del bosque y no tenía agua ni luz, ni nada", dice Delaflor.

Era una época sin internet ni celulares. Las cartas se recibían por fax y se imprimían en ruidosas impresoras de puntos. No había teléfono adentro del laboratorio y, cuando Grinberg tenía llamada, Leah era la responsable de salir corriendo a contestar el teléfono.

Algunos colaboradores se ganaron el mote de "los cuatro sintérgicos". Uno de los sueños de Grinberg era establecer el Instituto Nacional para Estudios de la Conciencia (INPEC): un espacio donde integrar sus búsquedas científicas y espirituales: continuar con sus investigaciones y también enseñar meditación y yoga. Pero sobrevino su desaparición a finales de 1994 y sus proyectos quedaron en vilo.

LAS FRONTERAS

Jacobo Grinberg cruzó las fronteras de la ciencia. Experimentó con la ouija, el *I Ching*, la astrología y la cábala; creyó en la *visión extraocular* (ver sin los ojos) y enseñó a los niños a practicarla. De acuerdo con sus escritos, alguna vez logró levitar; rememoró 12 vidas pasadas y al menos dos veces *mudó de cuerpo*. Fue a Costa Rica a buscar señales de la Atlántida, el continente perdido, acompañado de chamanas de ese país. Cuando Grinberg escribió sus libros la contaminación del aire en la Ciudad de México era ya insoportable. Según su propio testimonio, no se quedó cruzado de brazos: con ejercicios de respiración y meditación limpió la atmósfera de algunas de las manzanas a la redonda. Luego se comunicó a la Secretaría de Ecología (*sic*) para ofrecer su técnica y fue cortésmente desairado.

Pero acaso su experiencia más audaz la vivió junto a Bárbara Guerrero, *Pachita*, la chamana que hacía transplantes de órganos con un cuchillo de monte. Grinberg atestiguó decenas, acaso cientos de operaciones de pacientes que llegaban desahuciados y se iban felices, sanos y curados. Pachita —cuenta Grinberg— entraba en trance y el espíritu de Cuauhtémoc, el último emperador azteca, tomaba el cuerpo de la chamana. Grinberg se dirigía a Pachita como "Hermano", porque en realidad le hablaba a Cuauhtémoc, con quien conversaba en los intervalos entre paciente y paciente.

"Supe que yo estaba ahí no para fundar un instituto [de estudios de la conciencia] sino para establecer un puente de unión entre Cuauhtémoc y Quetzalcóatl [...] Cuauhtémoc me animaba a escribir en un lenguaje florido [...] me contaba de su vida de emperador y de la terrible conquista [a la] que fue sometido él y su reino", cuenta el propio Grinberg. "Publiqué un libro sobre Pachita y mis colegas de la UNAM pensaron que había enloquecido", recordó después.

En la India fue a buscar a un gurú de 800 años de edad, pero llegó tarde: había muerto tres días antes. En México buscó al chamán don Panchito, menos longevo, pero que llegó a los 130 años. También estuvo en busca de las huellas históricas del indio yaqui Juan Matus, el sabio de *Las enseñanzas de don Juan*. Se convenció de su existencia histórica y absorbió sus ideas por medio de los libros de Carlos Castaneda.

"Comencé a sospechar que las ideas que yo suponía mías en realidad me habían sido dadas por don Juan desde el otro mundo [...] mi campo neuronal había logrado interactuar con don Juan en alguna zona de la lattice".

He hecho una enumeración de algunas de las fronteras intelectuales que Grinberg cruzó, y que él mismo contó en el delicioso volumen autobiográfico *La batalla por el templo* (1991). Lo dicho aquí con prisa y trivialidad posee, en realidad, un atrevimiento que el lector solo encontrará cuando lea los libros de Grinberg.

Su audacia intelectual más seductora tiene un giro borgiano o de cuento de Philip K. Dick. Cuenta Grinberg que, en los años cincuenta, un inmigrante europeo llegó a una universidad norteamericana a dictar conferencias sobre la conciencia. Se le conocía como el Viejo. Convocó a sus estudiantes más comprometidos a apartarse a una vida de reflexión en una reserva indígena. Ahí, el maestro llegó a un grado tan elevado de meditación que un día se esfumó entre los árboles. Ese maestro se llamaba —coincidentemente— Jacobo *Albert* Grinberg-Zylberbaum.

Décadas después, uno de los discípulos del Viejo encontró los libros de Jacobo Grinberg —el mexicano—, y notó que coincidían punto por punto con las enseñanzas del viejo Albert. Grinberg —el joven— se pregunta si acaso el espíritu del Viejo lo ha tomado y guiado desde su infancia, específicamente desde un momento crucial: la muerte de su madre, Estusha. "¿Era Albert el arquitecto del plan y yo una simple herramienta en sus manos para realizar sus deseos?", se pregunta. Acerca de aquel hombre "de vez en cuando recibo noticias confirmatorias de su existencia y de su conexión misteriosa con la mía".

Sin embargo, dice Delaflor, Jacobo siempre renegó de que lo tildaran de *parapsicólogo*. "Esto es ciencia", decía.

Y nunca, recalca su amigo Sánchez Sosa, nunca Jacobo Grinberg perdió contacto con la realidad. Era reticente al consumo de alcohol y drogas. Nunca alucinó ni oyó voces.

"Buscaba la explicación científica para aquello que no parecía científico. Siempre regresaba a la metodología científica, principalmente la metodología experimental. Le alborotaba la mente el encontrar un puente entre lo que había visto aparentemente sin explicación ninguna y lo que sabíamos de neurofisiología y psicofisiología", afirma.

El hobbit

"De lejos parecías un hobbit de Tolkien, bajito, regordete", le escribe Amira Valle. Poseía una bella voz de tenor. En la intimidad —me cuenta Estusha Grinberg— le gustaba cantar arias de ópera. Acumulaba frascos de vitaminas y las consumía seguido, y en las paredes colgaba collages de fotografías de sus viajes, en particular sus retratos con lamas o chamanes. Le gustaba la comida judía, pero en la cotidianidad lo recuerdan comiendo en el puesto de quesadillas de la Facultad de Psicología y disfrutando tacos de chile relleno.

Se movía en cochecitos sencillos: un vochito azul celeste y un Brasilia, que lo llevó con Estusha en un largo viaje hasta San Francisco, California. Se encerraba a escribir y a meditar en una cabaña en el fraccionamiento Los Robles, en Morelos, que había bautizado como *Safed* en honor a una ciudad de cabalistas en Israel. Ahí no había luz ni agua, solo paz y silencio.

Tenía carácter fuerte. Impulsivo, me dice Manuel Delaflor. "Gruñón, sangroncito, fascinante, un genio", añade Amira Valle. "Duro, exigente y perfeccionista", dice Leah Bella Attie. "No era una persona realizada, no tenía logros contemplativos ni regulación emocional", según Valle. "Jacobo era neurótico. Nos hizo llorar varias veces. La gente lo tenía idealizado: no estaba iluminado", remata Attie.

Ella cuenta que Grinberg dormía poco. "Decía que su cabeza era un radio. Un día no podía dormir, prendió su radio de onda corta y escuchó la noticia: empezaba la guerra del Golfo".

"Soy una especie de iluminado neurótico", se confesó Grinberg ante Attie. Hay una escena que quedó marcada en los recuerdos de Amira y Leah. Además de científica en ciernes, Leah era bailarina. Se preparaba para una presentación en el Festival Cervantino y tenía un ensayo aquella tarde. Se disculpó por retirarse antes de su hora de salida y se despidió de sus colegas. Grinberg montó en cólera. Golpeó la mesa con los puños y le puso un ultimátum: elige el laboratorio o la danza. Uno de los colaboradores lo llamó a la calma.

"Está bien, pero termina lo que estás haciendo en el laboratorio porque no me queda mucho tiempo", pidió Grinberg.

Su hija Estusha lo recuerda de una manera diametralmente distinta: un padre amorosísimo y muy consentidor, y un hombre sereno que nunca se estresaba. Amira Valle y Leah Bella Attie también lo rememoran haciendo expediciones al Espacio Escultórico para meditar en grupo o caminando entre las milpas y nopaleras de Morelos tras una sesión de yoga. A Grinberg le emocionaba el aprendizaje. Cuando aprendía algo nuevo parecía un niño feliz.

De niño le llamaban Jacky en la familia y lo hacía feliz ir de vacaciones a Acapulco. En ese entonces criaba tarántulas, desarmaba radios y televisores para aprender su funcionamiento y construía pequeños aviones. En esos años tuvo un sueño revelador: estaba adentro de una nave espacial y un ser extraño le ponía cables en la cabeza. Le enseñaba a leer libros con solo poner sus manos encima del volumen y le daba una predicción que se cumpliría décadas después: escribirás muchos libros.

El escritor

Nunca acudió a un taller literario ni manifestó, de niño o adolescente, deseo de convertirse en escritor. Sin embargo, un día —un día que recuerda bien Lizette Arditti—, se propuso escribir.

"Yo quiero escribir, y voy a hacer mucho dinero de escribir. Siento que puedo hacer suficiente dinero y entonces voy a poder dejar la facultad".

Por aquel entonces Estusha tenía apenas cuatro añitos de edad. "Su apasionamiento por escribir le dio de un día para otro", recuerda Arditti. Era 1972, posiblemente. Desde entonces y hasta 1994, el año de su desaparición, Jacobo Grinberg escribió más de 50 libros. Sus obras solían ser breves, pero su fiebre escritural no deja de ser un portento para un académico de tiempo completo, viajero incansable, que pasaba parte de su tiempo buscando financiamientos para la investigación o tomaba algún empleo ocasional para completar sus ingresos.

"En ocasiones podía escribir durante horas y sentirme fresco en lugar de cansado", recordaba el propio Grinberg en el libro dedicado a Pachita. Y sí: llenaba agendas con su letra pequeñita que luego pasaban a máquina sus asistentes de investigación. Escribía cuatro libros simultáneamente y se aventuró a diversos géneros. Libros de texto para estudiantes, tratados científicos; pero también cuentos y novelas de ciencia ficción, poemas y su volumen autobiográfico, una honesta revisión de sí mismo —a veces quizá demasiado severa— que recuerda a las *Confesiones* de San Agustín.

"Se sentaba durante horas, todo lo escribía en manuscrita y nunca corregía, o mínimamente", añade Arditti, testigo de su súbita conversión a escritor. Primero empezó con cuentos: "Sus cuentos son sueños de libertad —me dice—, de encontrarse a un sabio en una cueva que le diga de qué trata la vida y el cosmos. Y tuvo una evolución hasta novelas más complejas como *Los cristales de la galaxia*, completamente integrada a la teoría sintérgica".

De joven se bebió a los grandes autores de ciencia ficción. Todos, dice Arditti: Asimov, Clarke, K. Dick, Le Guin…

A veces dictaba sus textos en casetes que luego transcribían sus asistentes de investigación. Los martes eran sus días de escritura en el laboratorio. Además, se encerraba en su cabaña del fraccionamiento Los Robles, en Ahuatlán, Morelos, a poner sus ideas en negro sobre blanco. Entre sus discípulas corrió la idea de que podía escribir un libro en una sola noche.

Aprendió a jugar con las palabras, como lo fue con la creación del nombre de su teoría sintérgica. Con las metáforas puestas al servicio de la ciencia, la noche estrellada le hacía pensar en una red neuronal: las estrellas hacían sinapsis unas con otras. El cosmos como un gran cerebro pensando: pensándonos. Lo mismo imaginó del planeta: si la Tierra es un ser viviente —como estaba seguro que era—, ¿en dónde estaría su mente? ¿Dónde guardaría sus recuerdos? Alguna vez hizo esta pregunta frente a sus colegas del laboratorio y Amira Valle aventuró una respuesta: en el mar, ahí está la memoria de la Tierra. Grinberg asintió.

Los delfines

Jacobo Grinberg nadando con delfines. Esa es la última imagen que Amira Valle y Leah Bella Attie guardan de su maestro, en noviembre de 1994. Querían probar si era posible que los cerebros de los niños con autismo y los cerebros de los delfines experimentaran el potencial transferido. Habían conseguido gorritos con electrodos adaptables a los mamíferos marinos del parque acuático Atlantis, en el Bosque de Chapultepec. Como Attie estaba embarazada, se quedó en la orilla. Amira, Jacobo y Terita —su última esposa— se lanzaron al acuario con trajes de neopreno. Todo iba bien hasta que un delfín atacó a Terita y la obligó a salir de la alberca. La jornada de nado con delfines terminó con un regusto amargo.

Tres décadas después, estos sucesos se leen como una señal de mal augurio o, quizá, un asomo de advertencia interespecie. ¿Qué percibió aquel delfín de lo que ocurría con Grinberg?, se pregunta Attie.

"La conocí en una reunión, vestida al estilo iraní y con unos ojos rasgados que le daban una apariencia extraña. Más rara me pareció su conducta y su lenguaje", escribió el científico en su autobiografía. Poco antes de conocerla, Grinberg había visitado a un quiromanciano que había leído las líneas de su mano. Le dijo que "estaba a punto de conocer a [su] verdadera compañera… y que sería mi última oportunidad de formar una relación estable", como escribió Grinberg en *La batalla por el templo*. Grinberg decidió creerle y se casó con Teresa Mendoza, *Terita*, la mujer que ha sido señalada como sospechosa de colaborar en su desaparición.

En las vísperas del 12 de diciembre de 1994 —cumpleaños de Jacobo Grinberg— lo esperaban en casa de Luis Schettino —uno de "los cuatro sintérgicos"— para celebrar sus 48 años, pero nunca llegó. Su familia también le había preparado una comida que se quedó sin cumpleañero.

Las alertas tardaron algunas semanas en encenderse, porque Grinberg y Teresa tenían un viaje programado a Campeche y luego otro a la India. La policía de investigación descubriría después que ni siquiera habían comprado los vuelos. Nunca se volvió a saber de Jacobo Grinberg.

Hay distintos puntos de vista sobre los últimos meses del científico y en particular del papel de Terita. Sam Quiñones, periodista estadounidense que se interesó por el psicofisiólogo tres años después de su desaparición, afirma que 1994 había sido un buen año para el investigador. Los experimentos sobre potencial transferido eran prometedores; Grinberg los había llevado a un congreso internacional y había regresado *radiante*. Estaba feliz porque recibió noticias de que el libro *Pachita* sería traducido al inglés. En efecto, tenía problemas con Terita, pero se debían a que ella quería tener hijos y Jacobo no. Salvo eso, "Grinberg tenía todas las razones para estar con Terita".

Otros indicios apuntan a que Grinberg y Terita mantenían una pésima relación. A su hermano Jerry, Grinberg le había dicho que tenía miedo de su pareja y prefería dormir en una combi (testimonio dado al cineasta Ida Cuéllar). La desaparición sigue sin aclararse. El documental *El secreto del doctor Grinberg* (Ida Cuéllar, 2020) especula con la hipótesis de que la Agencia Central de Inteligencia de Estados Unidos (la CIA) secuestró a Grinberg —posiblemente— para usar sus descubrimientos con propósitos militares. La película de Cuéllar apunta a que Terita pudo haber colaborado en la desaparición.

A principios de diciembre de 1994, sonó el timbre del teléfono en el laboratorio. Ruth Cerezo, una de "los cuatro sintérgicos", tomó la llamada. Era Terita, quien le informaba escuetamente que ya no esperaran a Jacobo durante el resto del mes. Pero pasó el tiempo y, al no recibir señales de vida, la familia y los amigos de Jacobo acudieron a las autoridades. La Procuraduría General de Justicia del Distrito Federal asignó al comandante Clemente Padilla como responsable de la investigación. Padilla estableció que Grinberg había desaparecido contra su voluntad, pero nunca lo encontró y apuntó hacia Teresa como sospechosa. Hasta el día de hoy el caso sigue sin aclararse.

Los recuerdos de Valle y Attie pintan a un Jacobo Grinberg librando batallas. Una de ellas con Terita: Jacobo llegaba alterado al laboratorio "especialmente después de pelearse con Teresa, y perdía por completo el control, [estaba] en mucha turbulencia emocional", escribieron en el manuscrito inédito *Anécdotas de laboratorio*.

La desaparición de Grinberg dejó en la orfandad a varios de sus colaboradores. "Cuando él desaparece canibalizan el laboratorio: todo el mundo se pelea por las cosas porque teníamos lo mejor de lo mejor", dice Delaflor. Valle y Attie acusan que aquellos colegas que menospreciaban su trabajo se apropiaron de las computadoras y los sofisticados aparatos de su laboratorio, que quedó clausurado. A Estusha se le permitió sacar objetos personales de su papá, pero las investigaciones, los *papers*, los proyectos quedaron interrumpidos y abandonados.

Desde entonces, la familia de Jacobo Grinberg se ha encargado de resguardar y difundir su legado. Lizette Arditti, en su momento, fue la creadora de las portadas originales de los libros de quien fuera su primer esposo. Su hija, Estusha Grinberg, gestiona la página web oficial: jacobogrinberg.com. Ella es una de las representantes más importantes del género World Music en México, y musicalizó el libro de poemas *Cantos de ignorancia iluminada* de su padre. Su página web es estusha.com. Nicolás Mesnage, yerno de Jacobo, ha sido un promotor infatigable de los libros de Grinberg, al ser el primero en digitalizarlos y ponerlos de vuelta al alcance del gran público. Jacobo Grinberg tiene hoy dos nietas —a las que no conoció—, Ixchel y Leilani. Esta última es la autora del retrato que acompaña este texto. La Biblioteca Jacobo Grinberg que se publicará en Debolsillo forma parte de este esfuerzo por mantener el legado del científico mexicano.

En internet circulan fantásticas hipótesis: que lo secuestraron los ovnis, que se transformó en el Subcomandante

Marcos del EZLN o que llegó a un estado meditativo tan elevado que simplemente se evaporó. Una de las teorías compara a Jacobo Grinberg con Neo, el personaje de la película *The Matrix* (hermanas Wachowski, 1999). La *matrix* es un programa de realidad virtual en el que todos vivimos inmersos. Los robots han tomado el control del mundo y nos mantienen esclavizados, conectados a cables para extraer nuestra energía. Esos mismos cables nos conectan a *the matrix*, a la ilusión en la que creemos estar vivos, mientras somos expoliados. Jacobo Grinberg, como Neo, se ha liberado de esa matriz y es el primer hombre libre de la Tierra. Y así se propaga la leyenda, el mito del autor de culto, guía intelectual y espiritual.

Lizette Arditti anota otra hipótesis: en un país como México, con 120 mil desaparecidos, te matan —y acaso te desaparecen— por robarte el dinero de la billetera.

Juan José Sánchez Sosa dice lo que perdió la ciencia: "Lo que le haya pasado es una pérdida gigante para la psicología en particular. Iba en el camino correcto, acabaría no sé si con el Premio Nobel, pero sí con un premio importante. Hubiera encontrado los principios regulatorios de lo que vemos y decimos: 'no lo puedo creer'. Y describir cómo ocurrió: cómo es que lo vi y cómo se explica".

"¿Qué diría hoy si regresara?", se pregunta Lizette Arditti. Aventura una respuesta: aprovecharía los avances tecnológicos para probar sus teorías y prestaría poca atención a la mitificación de su personaje. Arditti lo compara con el Quijote. "Jacobo podría ser un Quijote. Porque el Quijote era un congruente total: vivía su cuento". Amira Valle le escribe con cariño y nostalgia: "Te mando un beso a la lattice, donde habitas por siempre". Amira Valle, Leah Bella Attie y Manuel Delaflor tienen además un proyecto: darles continuidad a las investigaciones de su maestro y reabrir un laboratorio para volver a ellas. Su hija Estusha Grinberg pide recordarlo no solo como un gran científico, sino, también, como un hombre que dio su vida por la búsqueda de libertad.

Retrato de Jacobo Grinberg-Zylberbaum hecho por su nieta Leilani Grinberg.

leilanigrinberg.com
IG: __leilani_grinberg__

INTRODUCCIÓN

Escribo en el exilio desde un planeta remoto y oscuro llamado Tierra, al que me ha enviado la Jerarquía por haber querido violar la Zona Prohibida del universo.

He vivido ya once vidas terrestres y no he podido retornar a mi lugar de origen. Algo en el enfoque magnificente de la Divinidad estimuló un misterio que ninguna lección o sufrimiento han podido develar, y eso me mantiene prisionero en este lugar extraño y distante regido por leyes que no coinciden con mi naturaleza celestial.

Escribo como un intento más de compartir porque eso es lo que he aprendido a hacer. Escribo porque recuerdo y el recordar sin manifestarlo me ahoga.

He aprendido a sobrevivir a pesar de todos los intentos de los habitantes de este planeta por moldearme a su estilo de vida. He conocido grandes sabios que han sido mis maestros y el misterio de lo que esconde la mujer terrícola me ha fascinado a través de todas mis vidas.

Me he vuelto conocido entre los habitantes de este planeta en diferentes épocas. Aparecí en la Biblia como Andrés, en los *Yoga Sutras de Patanjali*, en los escándalos de las cortes francesas del siglo xv y entre los grandes cabalistas de Safed.

He decidido retornar a mi planeta de origen, cuésteme lo que me cueste, y este escrito es un intento por sanear mi memoria y entender mi propio desarrollo. Confío que a través de su elaboración encuentre la llave perdida: el secreto procedimiento que ha de liberarme de esta cárcel planetaria y de sus habitantes.

Pero no se interpreten mal mis palabras en el sentido de ausencia de cariño. Estoy profundamente agradecido con este planeta porque en él he vivido experiencias que en ninguna otra porción del universo se viven. Aquí he encontrado seres de todos los rumbos y con todas las tendencias. La mayor parte de ellos en olvido de sí mismos, pero otros con la cabeza en alto recordándose.

Las humillaciones me han exaltado después de sumirme en la desesperación y poco a poco he ido retornando al amor hacia mí mismo. Encuentro que incluyo a todas mis vivencias y nada puede definirme. Fluyo en cambio hasta que vuelvo a encontrar algo no resuelto y en él me quedo y retorno hasta que lo considero también mío. En esta expansión comienzo a reconocerme como el Todo y cada vez mi existencia separada desaparece para dar lugar a alguien más cercano a mí mismo. Pero este mí mismo no es ni un anhelo ni tampoco un pensamiento. Se asemeja más a un sentimiento que incluye todos los estados, todas las emociones y aun los dolores que experimento.

De todo ello, estoy agradecido a esta correccional de los exiliados del universo.

A no dudarlo, en ocasiones he sido aquí muy feliz y casi he decidido quedarme, pero tengo un llamado y no puedo dejar de oírlo.

¿Si he aprendido lo necesario y si ya es mi tiempo? Eso quizás también yo lo decido pero sé que no estoy solo y que el Padre Amorosísimo existe. A Él me remito y que solo Él me juzgue.

I

ANDRÓMEDA - YO CREO

No he podido recordar nada anterior a Andrómeda. Quizás ese sea mi origen, aunque no comprendo cómo se decide nacer por primera vez ni quién lo decide. Quizás el Padre Amorosísimo se enfoca en un nuevo ser, en una novedosa forma de manifestación y hace converger su existencia en un modelo de sí mismo peculiar y nuevo. ¡Es prodigioso que alguien pueda actualizar eso! Se necesita un verdadero amor por la aventura y una especie de descarada osadía para hacerlo. Aunque en ese nivel, el descaro no debe existir, sino más bien un estado de absoluta libertad y unas ganas de dejar ser a una de las propias partes para ver hasta dónde es capaz de llegar. Es como dejar libre a una hija y satisfacerse observando por dónde transita, qué aprende y cuánto puede crecer y entenderse. ¡Se diría que suficientemente placentero para quien tiene toda posibilidad…!

Estoy lejos de entender a Dios, mas si Él me creó en Andrómeda y luego me dejó libre, pero ha mantenido una observación y vigilancia sobre mi persona, regocijándose con mis experiencias y aprendizajes, cuidando de que no me pase de mis propios límites, enviándome protectores cada vez que cometo errores y dándome paso a un nuevo escalón cuando logro acercarme a Él, no puedo más que sentir admiración y respeto hacia su magnificencia.

No creo haber sido creado por azar y sin una intención, pero esta todavía no la puedo entender, aunque comienzo a vislumbrar su sentido y dirección y esta no es más que la expansión en mi capacidad de amar.

Junto conmigo creó a otro ser y mi vida en Andrómeda se ligó a su existencia en forma total. La civilización de Andrómeda ocupaba en aquel entonces un alto nivel en la Jerarquía del universo. Sabíamos de la existencia de civilizaciones más avanzadas que la nuestra y de innumerables mundos en diferentes grados de maduración. He descubierto que Alyón existe en un grado más maduro que Andrómeda y que más allá de Alyón se encuentran civilizaciones aún más expandidas de las cuales no conozco ni siquiera el nombre.

En estas vidas he estado en contacto con varios descendientes de Alyón y con algunos alyonitas originales como el capitán Damen Si. A él lo escuché, pero no me puedo ni siquiera imaginar el estado de su conciencia, tan diferente y avanzada con respecto a la mía propia. También he conocido a otros exiliados de Andrómeda.

En Andrómeda se recibe la notificación de la creación de nuevos seres y, en mi caso, la noticia del nacimiento de almas gemelas. Mi nombre original era Adaesuz y el de mi compañera, Balikai. En Andrómeda todo el tiempo se penetra y se es penetrado en un constante estado de amor. Balikai y yo lo empezamos a experimentar desde muy pequeños.

Andrómeda había resuelto, en aquella época, la mayor parte de sus problemas políticos y de mantenimiento. El gobierno estaba unificado y su dirección era espiritual. Los líderes gobernantes eran grandes iniciados y la población estaba consciente de que el desarrollo consistía en una incrementada capacidad para mantener y expandir el contacto con el espíritu a través de prácticas de meditación. Los problemas de alimentación, vivienda y vestido estaban prácticamente resueltos, y tanto yo como Balikai fuimos entrenados a permanecer en un estado meditativo casi constante.

La arquitectura de Andrómeda era de una geometría equilibrada y perfecta. Además de las viviendas, existían grandes centros de meditación en los cuales se reunían miles de habitantes divididos de acuerdo al nivel de conciencia que habían alcanzado.

El edificio principal de todo el conjunto arquitectónico estaba situado en una posición privilegiada y consistía en una enorme cúpula de cristal en cuyo centro se mantenía encendida una fuente energética de elevada frecuencia e intensidad. En ese templo se realizaban las iniciaciones de los nuevos seres y cuando alguien lograba cambiar de estado, se le llevaba allí para ayudarlo a incrementar su energía vital. La comunicación entre los habitantes era directa, es decir, telepática, y su profundidad dependía del grado de las relaciones. Existían parejas que casi siempre habían sido creadas en forma simultánea y cuya estructura mental y emocional les permitía una capacidad de unificación prácticamente total. Los nuevos seres eran concebidos en forma parecida a la humana, pero el acto sexual se realizaba después del logro de un acoplamiento energético perfecto y una visualización adecuada del enfoque de la porción divina por manifestarse. La relación sexual, fuera de este proceso de concepción, era directa, es decir, a través de una penetración energética y no física. Sin embargo, la libertad en cuanto a estas prácticas era casi total en el sentido de que dependía de los gustos y la espontaneidad de los participantes. Puesto que las condiciones climatológicas del planeta eran ideales, no se requería de vestimentas de protección y los habitantes de Andrómeda solamente utilizaban una delgada y transparente tela de material superconductor para cubrirse.

Los niños y jóvenes eran entrenados en la práctica de la meditación, del conocimiento y manejo de la energía corporal y mental, y de las ciencias y artes que por aquel entonces ya habían alcanzado un alto grado de sofisticación. Se utilizaba la visión remota para conocer otros planetas y parajes del universo, pero también se viajaba en naves espaciales tanto para realizar intercambios con otras civilizaciones como para conocer otras regiones del universo.

La educación de la juventud incluía estos viajes y el aprendizaje del manejo de los dispositivos para realizarlos. Además, se enseñaban los principales lenguajes utilizados por diferentes civilizaciones de la misma y distintas galaxias y la historia y características de ellas.

El espacio era conocido hasta en su más fundamental estructura, lo que permitía grandes hazañas de modificación de su curvatura. Se conocían las principales rutas energéticas lineales creadas por la Jerarquía que servían para transitar entre diferentes zonas del universo.

La Zona Prohibida del universo, poblada por planetas en desarrollo y civilizaciones nacientes, era conocida con exactitud en sus fronteras. Los jóvenes sabían que penetrar en ella no era permitido por el necesario aislamiento que la Jerarquía había decretado a fin de evitar alteraciones en sus procesos de desarrollo y maduración. Estos estaban a cargo de la cúpula de la Jerarquía, la cual estaba formada por los seres de más alto desarrollo espiritual de todo el universo, que eran los únicos capaces de detectar y comprender los designios del Padre Amorosísimo. La penetración a la Zona Prohibida era castigada con el exilio en algún planeta de aprendizaje correctivo como la Tierra.

Se había establecido un convenio entre Andrómeda y Alyón que permitía a los niños de ambas civilizaciones visitarse y conocerse. Los habitantes de Alyón ocupaban un nivel de desarrollo superior a los de Andrómeda. Este se manifestaba en algunas conductas como la transportación a través de la desestructuración atómica. De hecho, los habitantes de Alyón prácticamente ya no utilizaban naves para viajar, sino que se desmaterializaban en una región y materializaban en otra a voluntad.

Se sabía que civilizaciones aún más adelantadas vivían en un estado similar al de la *lattice* del espacio-tiempo y para ellos ni la distancia ni el tiempo existían, por lo que podían enfocarse en cualquier región del universo sin necesidad de teletransportarse. Ni siquiera los habitantes de Alyón habían logrado realizar tal portento, pero sus procedimientos de reestructuración atómica y molecular eran bastante avanzados con respecto a los de Andrómeda. Por otro lado, tanto en Andrómeda como en Alyón la esperanza de vida se había logrado extender al equivalente de 25 mil años terrestres y se hacían investigaciones para aumentar aún más su duración.

Una de las prácticas andromeicas de la meditación estaba orientada al logro de la activación de enfoques alternos del Observador. Este era un intento de lograr la transportación tipo Alyón y aun la ubicuidad de la Jerarquía, pero solo los más adelantados de entre los habitantes de Andrómeda habían logrado algunos avances satisfactorios en esa dirección.

En cambio, Andrómeda gozaba de un merecido prestigio, aun entre la cúpula de la Jerarquía, por el impulso y desarrollo del centro emocional de sus habitantes. La condición de permanencia en un estado de Amor era un logro sólido de la civilización andromeica.

Como parte de nuestra educación, y en una de las visitas de los niños de Alyón, Balikai y yo conocimos a la hija de Damen Si, llamada Dalinme. Juntos jugábamos con nuestras mascotas, unos seres caprichosos y lanudos de extremidades aplanadas y en forma de hojas de lechuga que gustaban acariciarnos y nos seguían a todas partes. La niña era primorosa y a través de ella conocimos las costumbres de Alyón y ella las nuestras.

Balikai y yo teníamos planeado dedicar algún tiempo a viajar y conocer otros planetas. Hicimos la solicitud al Consejo Kármico y este la aceptó. Nos preparamos durante cinco años estelares[1] y, en ese lapso, nuestro amor se engrandeció y profundizó. Casi no nos separábamos y lo que más nos gustaba era la creación y el deleite de cuerpos mentales novedosos y la música. Esta última era de una originalidad pasmosa. Las grandes obras musicales eran matemáticamente perfectas y representaban diferentes modelos de la organización del universo y sus habitantes. Durante jornadas interminables la escuchábamos cambiando de estado emocional y transformándonos en los seres que esa música celestial quería representar.

---

[1] Cada año estelar equivale a 150 años terrestres.

El ego era una estructura prácticamente desconocida en Andrómeda. Cada quien allí se sentía diferente pero simultáneamente igual al resto. Era muy claro, para todos, que el camino implicaba un ser uno mismo en ausencia de definiciones y todos buscaban oportunidades para expandirse.

El amor entre Balikai y yo era una de esas oportunidades y ambos lo sabíamos. Teníamos un claro proyecto de vida y este se asociaba con el mantenimiento y la profundización de nuestro sentimiento. Éramos considerados una pareja ejemplar y seguramente todo ello favoreció la decisión del Consejo.

Nos asignaron una nave pequeña pero perfectamente condicionada para permitir viajes seguros a través de las rutas energéticas lineales. Primero hicimos varias travesías a los planetas cercanos. Ambientábamos la nave con las últimas composiciones musicales creadas en Andrómeda y nos deleitábamos con los espectáculos de las estrellas y los paisajes increíbles de mundos rojizos, azules y violetas con varios soles y multitud de lunas.

En una ocasión flotamos casi una eternidad sobre un mar plateado y rugiente mientras nos hacíamos el amor. Descubríamos constelaciones y nos internábamos dentro de mares de aerolitos de puntas cristalinas observando el reflejo de las explosiones de supernovas en sus aristas.

Todo era belleza y aventura y todo estaba matizado por una sensación de amor mutuo indestructible.

Cerca de Ingstra, nos abordó una nave de patrullaje y nuestro estado los dejó pasmados de admiración. Empezamos a pensar que habíamos llegado a la perfección. No podíamos concebir un estado más exaltado que el nuestro.

Descendimos en un planeta encantador y deshabitado. Dos soles alumbraban una playa desierta bañada por un mar candente. Nos miramos y decidimos que nos habíamos convertido en dioses. Debíamos manifestarnos como tales y una idea prohibida cruzó por la mente de Balikai en ese momento. Al principio la rechacé, pero todo señalaba en esa dirección. Durante dos años estelares, revisamos los archivos extragalácticos y por fin lo encontramos. Se trataba de un planeta cuyos habitantes estaban divididos por rivalidades ancestrales. De hecho, el análisis de las líneas del mundo señalan una posibilidad de 84% de autodestrucción.

Era el lugar adecuado para probar la fuerza de nuestro amor. Enfilamos en su dirección y con una sensación de sobresalto logramos atravesar la frontera de la Zona Prohibida del universo. Sabíamos que la Jerarquía nos observaba, pero ¿quiénes eran ellos para prohibir un acto compasivo de tal grandeza? ¿No habíamos mantenido nuestro amor hasta llegar a su divinización?

¡Seguramente reconocerían en nosotros a los elegidos para reinar en ese mundo y llevarlo hasta nuestra propia elevación!

La Zona Prohibida irradiaba una atmósfera de temor. Allí ocurrían las transformaciones más dramáticas de todo el universo. En ocasiones, sistemas planetarios completos se esfumaban y en otras un planeta alcanzaba el grado suficiente de maduración para poder acceder a la Unidad con una civilización que aceptaba guiarlos, con la autorización de la Jerarquía.

El planeta al cual nos aproximábamos estaba habitado por salvajes, pero la aparición de dos dioses visibles era su oportunidad para comenzar un desarrollo hacia el amor.

Nuestras computadoras ya señalaban la presencia cercana del planeta cuando algo comenzó a fallar. La nave perdió estabilidad y Balikai y yo supimos que había llegado el fin. Nos abrazamos y fuimos trasladados al interior de una cúpula y allí nos separaron.

No supe más de Balikai, pero me imagino que, como a mí, le permitieron despedirse de sus padres. También supe que Dalinme había corrido una suerte similar a la nuestra, pero no pude averiguar por qué.

Nos dijeron que hasta no haber aprendido lo que debíamos aprender, olvidaríamos nuestro origen, pero siempre habría en nuestro espíritu una añoranza y ella sería nuestra guía.

Kardam, mi padre y maestro, me acompañó mientras se hacían los preparativos para mi partida. Se eligió el planeta Tierra para mi exilio y el Consejo Kármico consideró que once reencarnaciones tendrían una probabilidad del 95% para enseñarme lo que debía aprender.

Kardam era un gran experto en informática y antes de conectarme al mecanismo de desmaterialización me prometió que me ayudaría. Sus últimas palabras fueron: "Te amo y me haré presente ante ti cuando estés listo para regresar hacia el final de tu undécima vida".

II

INDIA - YO SOY

El mercado de Tiruvanamalai estaba rebosante de gentes, colores y ruidos cuando la vi. Caminaba como rodeada de una aureola dorada y su porte era digno y majestuoso. La acompañaba otra mujer, seguramente su sirvienta de casta inferior, morena y con un sari humilde. En cambio ella… ¡qué belleza! Algo en mí se activó, algo extraño, una especie de recuerdo o añoranza. Me dieron ganas de acercarme y preguntarle, de tomarla entre mis brazos y hacer fluir aquello que me llamaba hacia ella, pero me contuve.

Al día siguiente, desperté sudoroso y con una opresión en mi pecho. No podía vivir sin ella, pero al mismo tiempo no podía afirmar que fuera ella, sino otra cosa misteriosa que ella había despertado la que me inquietaba. Lo fui a consultar con el astrólogo del pueblo. Me dijo que la fecha era auspiciosa y que el sentimiento venía de muy antiguo, de otro lugar y tenía componentes kármicos. Aquello coincidía con mi sensación y se lo agradecí.

Mis padres lo empezaron a notar. El *Patanjali* era casi inaccesible para mí. Desde pequeño lo conocía como sumido en sí mismo, indagando y casi siempre sentado en el jardín completamente absorto durante sus prácticas de meditación. Mi madre lo admiraba y respetaba y nos decía a mí y a mis hermanos que su marido, nuestro padre, estaba llegando al tercer ciclo de la vida y que pronto nos abandonaría para internarse en el bosque y vivir en un contacto con Dios sin posesiones y en total entrega a Purusha. Estoy seguro de que así nos preparaba para que, llegado el momento de la despedida, la pudiéramos aceptar tal y como ella lo había hecho.

Mi madre estaba convencida de que su esposo era un santo y que había cumplido a la perfección su papel de padre y marido. Yo nunca lo había oído discutir o pelear. En las comidas, todos bendecíamos el alimento mientras él hacía una plegaria y mi madre solícita nos servía.

A mí no me interesaba la meditación. La sentía como un rival de la compañía paterna, pero jamás lo expresé abiertamente. En cambio, los rituales me fascinaban. Todas las mañanas acompañaba a mi padre al templo y allí orábamos ante una imagen de Shiva. Él me decía que Shiva enseñaba a transformar lo negativo en positivo colocándose más allá de la dualidad. De regreso a casa siempre pasábamos a saludar al elefante sagrado. Su cuidador le había pintado la piel con dibujos intrincados y en su gran cabeza había trazado tres líneas blancas paralelas y un gran círculo rojo en su entrecejo. Yo le acariciaba su trompa y él la colocaba sobre mi cabeza como dándome la bendición matutina.

Después desayunábamos con toda la familia y al terminar acompañaba a mi padre a su trabajo. Vendía telas en el mercado y yo lo ayudaba con su negocio. Mis hermanos eran pequeños y se dedicaban a recibir instrucción en una de las salas del templo. Yo ya había terminado mis estudios y estaba penetrando al segundo ciclo de la vida. Quizás por eso no podía apartar de mi mente la visión de esa muchacha del mercado.

Mi madre me cuestionó dos días después. Era muy intuitiva y seguramente le extrañaba mi semblante preocupado y mis ojos rojizos indicativos de insomnio. Se me acercó después de la comida y me llevó a su lado. "¿Qué es lo que te sucede?", me preguntó preocupada. Le conté todo y le di señas de la fisonomía y vestimenta de la muchacha. Le confesé la opinión del astrólogo y después de escucharme me dijo que me tranquilizara.

La boda se realizó tres semanas más tarde. Ambas familias éramos de casta brahmánica y no había habido ningún problema para llegar a un acuerdo.

Durante veinte años, mi esposa Soraya y yo vivimos una vida tranquila. Tuvimos seis hijas y dos hijos.

En un viaje a la bahía de Bengala, visité a mi hermano Amara, quien era pescador del pueblo Ashama. Él me convenció de irme a vivir con mi familia a su pueblo. En las mañanas salíamos a pescar mientras los niños jugaban en la playa, nadaban y asistían a instruirse; Soraya era una buena ama de casa y la pequeña choza que nos servía de hogar siempre la mantenía limpia y arreglada.

Una tarde, al regresar del mar, Amam y yo nos sorprendimos al notar una humareda que salía del pueblo. El mar estaba picado y nos tardamos más de una hora en desembarcar. Mi corazón palpitaba con tanta fuerza que sentía que se me saldría del pecho porque el humo parecía surgir de nuestras casas, las que, a la distancia, se veían envueltas en fuego.

Desesperados y luchando con las olas pudimos, por fin, llegar a la playa. El ambiente era tenebroso y un penetrante olor a carne quemada se percibía en la atmósfera. Los cocoteros que bordeaban la playa con sus hojas chamuscadas y las grandes palmeras del pueblo habían sido testigos de la tragedia. Buscamos a nuestras familias y lo único que encontramos fueron los restos irreconocibles de decenas de cadáveres carbonizados y colocados unos sobre los otros. Durante nueve días no pude dormir y mis ojos desorbitados parecían lanzar chispas en todas las direcciones.

Existía en un estado de estupor completo, sin entender lo que había acontecido y con un deseo de enterrarme en la arena o abandonarme al mar sin luchar. No podía comer y solo de vez en cuando cortaba un coco y saciaba mi sed con su jugo dulce y espeso.

Una noche, sin avisarle a mi hermano, comencé a andar sin saber a dónde me llevaban mis pasos. Caminé durante una semana sin detenerme hasta que el paisaje se comenzó a transformar y el clima cálido y selvático se convirtió en húmedo y frío. Penetré a un bosque tupido arrastrando los pies. Los árboles y el musgo cada vez se hacían más y más densos hasta que en el corazón de aquel paraje, el follaje cerrado apenas si dejaba pasar los rayos del sol. Sin fuerzas y con un total desconocimiento del lugar en el cual me encontraba me desmayé. Un piso esponjoso y alfombrado de hojas fue mi lecho.

Desperté en otro lugar. El calor de una fogata me calentaba y, haciendo un esfuerzo enorme, alcancé a divisar frente a mí a un hombre delgado de barba enorme y cubierto únicamente con un pequeño taparrabos. Antes de poder reconocerlo, volví a caer en la inconsciencia. La misma experiencia se repitió en varias ocasiones en intervalos que parecían transcurrir sin intermedios. Después supe que me tardé trece días en recuperarme y que esa figura humana desdibujada que me había salvado era mi padre Patanjali.

Diez años antes se había despedido de mí, mis hermanos y mi madre y aislado en ese mismo bosque al que me habían guiado mis pasos y un poder misterioso. Patanjali se había dedicado a meditar en silencio y, durante esos diez años, no había tenido contacto con ningún otro ser humano ni pronunciado una sola palabra.

Permanecí con mi padre hasta que murió. Me dediqué entonces a escribir sus enseñanzas en forma de aforismos.

Viví veinte años más y nunca abandoné el bosque; me alimentaba de raíces y frutos silvestres. Recogía agua de la lluvia, la que me servía para saciar mi sed y asearme.

Añoraba a Soraya y a mis hijos, y las prácticas que aprendí de mi padre Patanjali calmaban mi espíritu y satisfacían mi mente, pero nunca completamente. Algo dentro de mí permaneció en el misterio hasta que morí. En ese momento se rasgó un velo y pude percibir un estado de amor que me calmó, pero solo por un instante.

Patanjali me había mostrado que el secreto del Ser se encontraba en el silencio, en la inhibición de toda actividad mental. Su mensaje estaba claramente descrito en los aforismos que yo mismo había inscrito en grandes rocas para que perduraran intactos hasta ser encontrados por otros buscadores.

Los últimos cinco años de mi primera vida en este planeta los viví en un estado de silencio. Solamente existía yo, el cielo y la tierra. Durante ese tiempo no pronuncié palabra alguna y en mi mente no apareció ningún pensamiento. Solamente en el instante de morir, de mis labios surgieron dos palabras: Yo Soy.

III

EGIPTO - YO TENGO

Dalinme y yo nos volvimos a encontrar en Egipto pero como hermanos gemelos. El Consejo Kármico así lo había decidido. Mi gestación fue humana, pero a Dalinme la Jerarquía la incrustó en el vientre de mi madre, haciéndola ocupar el cuerpo del feto que se desarrollaba a mi lado.

Obviamente de esto no tuve conciencia durante esta, mi segunda vida terrestre. Dalinme, al igual que yo, nació en un cuerpo masculino. De niños acostumbrábamos a escondernos detrás de los bloques de piedra que los esclavos del faraón ocupaban para la construcción de las grandes pirámides y los monumentales templos iniciáticos. Allí, lejos de la vista de obreros y capataces y en voz baja, hablábamos durante horas.

Ambos poseíamos la extraña capacidad de ver imágenes perfectas con los ojos cerrados y de recibir mensajes provenientes de fuentes extrañas. Compartíamos aquellas y estos verbalizándolos mientras acontecían.

Nuestra alimentación era pobre y de pésima calidad y casi no veíamos a nuestros padres, los que se pasaban el día entero trabajando para el faraón. Sabíamos que debíamos tener mucho cuidado porque, de ser sorprendidos u oídos, se nos castigaría en forma terrible.

De adolescentes y mientras acarreábamos paja, oímos un rumor que nos llenó de esperanza. Había surgido un gran hombre llamado Moisés que prometía liberarnos de la esclavitud. Lo fuimos a escuchar varias veces y nos asombró su poder y presencia.

Después empezaron a ocurrir cosas muy extrañas. Un día el Nilo se convirtió en sangre. Durante semanas, plagas de langostas, formando nubes densas y pegajosas, azotaron los plantíos. Ranas por millones cayeron del cielo y una noche terrible la muerte penetró a los aposentos egipcios buscando sus primogénitos para destruirlos.

Al amanecer de esa noche, la noticia se regó como el viento húmedo y candente del Nilo. El faraón nos dejaba libres guiados por ese hombre magnífico… Moisés.

Cargamos nuestras pertenencias sobre los hombros y un desvalijado carromato y junto con otros miles como nosotros abandonamos el lugar que nos había visto nacer.

Atravesamos el mar Rojo entre dos columnas gigantescas de agua que Moisés había abierto, y después de varias semanas de una caminata fatigosa y llena de riesgos, hicimos un campamento en las faldas de una enorme montaña… el Sinaí. Moisés nos habló una tarde de tormenta. En medio de relámpagos nos dijo que subiría la montaña para hablar con Jehová y después descendería hacia nosotros.

Lo esperamos durante semanas y no bajaba. Le reclamamos a Aaron, su hermano, y él nos ordenó construir un ídolo de oro. Las mujeres se descararon y abandonaron a sus maridos y se entregaban sexualmente a cualquiera. Mi hermano y yo participamos durante algunos días en las orgías, pero cansados y dándonos cuenta de que nadie nos ponía atención, continuamos con nuestros diálogos e imágenes. Estas se habían fortalecido en claridad, lo mismo que nuestros pensamientos. Sin embargo, les faltaba dirección, como si una compuerta se hubiese abierto y aguas turbulentas y sin control se hubiesen desparramado inundando un valle. Algo parecido le sucedió a Moisés al bajar de la montaña. Gritó como un trueno y con una furia tremenda destruyó dos grandes piedras planas que cargaba. Allí comenzó algo terrible, los hermanos empezaron a matarse entre sí y al término de varios días, 3 000 cadáveres insepultos yacían abandonados en el campamento. Entonces Moisés nos habló de nuevo. Dijo que volvería a escalar el monte y que sería la última oportunidad para Israel. Esta vez nadie le pidió a Aaron construir un ídolo. El temor paralizaba las entrañas mientras dábamos sepultura a los muertos y esperábamos el segundo descenso de Moisés.

Por fin apareció y nos leyó el mensaje de Jehová. Teníamos, por fin, leyes en las que basar nuestras vidas. Las aceptamos y nos sentimos seguros pero algo sucedió entonces. Alguien nos acusó con los jueces y les dijo que mi hermano y yo habíamos blasfemado en contra de Jehová y Moisés. Nos había oído hablar de nuestras imágenes y mensajes.

Nos mandaron llamar y nos hicieron juicio. Decretaron que uno de los dos debía morir. Me adelanté y me culpé de todo. Yo moriría y no mi hermano, pero él hizo lo mismo. Hubo una confusión y los jueces se miraron unos a los otros como pidiéndose consejo. El juicio se extendió durante varias horas hasta que se decretó la muerte de mi hermano.

Un verdugo se adelantó y clavó su cuchillo en su corazón. Desesperado, me lancé en contra de los jueces y también fui muerto.

Caí junto al cadáver de mi hermano y, tomándolo de la mano, expiré.

IV

JAPÓN - YO PIENSO

El sol se reflejaba en los charcos del plantío de arroz. Las pequeñas matas sobresalían de la superficie plácida y plateada del agua y mis pasos producían ondulaciones en ella, las que, al chocar contra los tallos de arroz, se multiplicaban en formas infinitas.

Al anochecer, una luna llena y lechosa embriagaba la atmósfera oscura y omnipresente. Mi vida era ese vagabundear entre las comarcas, los pastizales y los bosques buscando un contrincante. Mientras lo hacía, trataba de acallar los pensamientos de mi mente concentrándome en los movimientos de mi cuerpo y en las imágenes de mis ojos. Sin embargo todo era en vano.

Miles de pensamientos me asaltaban junto con los recuerdos de las luchas en las que había participado y las batallas en las cuales había vencido.

Yo era un "Señor de la Guerra" y mi vestimenta así lo atestiguaba. Era incómodo caminar dentro de una armadura y resguardaba mi cabeza con un casco, pero nada ni nadie serían capaces de convencerme de quitármela.

En los poblados que atravesaba, la gente me miraba con respeto y temor. Si entraba en una taberna, nadie osaba acercarse a mí. Me quedaba de pie observando a los parroquianos. Esperaba cualquier oportunidad para demostrar mi fuerza de samurái, pero nadie se atrevía a retarme. Mi apariencia era fiera y llena de poder, y dentro de mí una llama viva, alimentada de un deseo de violencia, permanecía permanentemente encendida. Nunca me pregunté el porqué de mi agresividad. Me era tan natural y constante que no existía otro punto de referencia o de contrastación que me hubiese permitido volverme consciente de su existencia.

Cuando nadie me veía y estaba seguro, me recostaba junto a un árbol y me dejaba envolver en una melancolía y tristeza inmensas. Extrañaba a alguien y cada vez que intentaba recordar, mi ira se encendía sin control y sin una razón aparente.

Una tarde vi a lo lejos una figura parecida a la mía acercándose lentamente. Su caminar me sorprendió; era pausado y totalmente consciente. Vestía una armadura negra y una espada dorada sobresalía de su cuerpo sostenida por un cinturón de cuero. Supe entonces que el día decisivo había llegado a mí… ¡un contrincante de mi altura!

Comencé a caminar en su dirección. Era obvio que él se había percatado de mi presencia y probablemente por su mente atravesó el mismo pensamiento que por la mía. Lo vi colocar su mano derecha en la empuñadura de su espada. Su gesto había sido casi imperceptible y perfecto. Me volví a asombrar y detuve la marcha. Hice lo mismo que él, pero en el instante en el cual sentí el frío acerado de la empuñadura de mi espada, me juzgué. En ese instante, él lanzó una carcajada y yo me enfurecí como nunca en mi vida. Rugí de coraje mientras él continuaba riéndose sin parar. En un acto instintivo y sin control, desenvainé la espada y furioso me lancé al ataque. Alcancé a ver un destello de malicia en sus ojos y supe que él era superior a mí.

Recibió mi primer ataque con una sonrisa de placer en su boca, la que me hizo enfurecer aún más. Con toda la fuerza de mi brazo lancé un golpe terrible. Recordé en ese instante haber cercenado varias cabezas de un solo tajo con golpes parecidos, pero en él no hizo mella alguna.

Me volví a asombrar y el pensamiento de la muerte atravesó mi mente como un cuchillo. Ocurrió entonces algo inconcebible. Mi contrincante lanzó una exclamación poderosa y saltó en el aire frente a mí. Permaneció flotando con la espada desenvainada y después descendió lentamente posándose sin ruido en el suelo. Aquello me paralizó por completo. Clavé la punta de mi espada en el suelo y abrí los brazos en un gesto de derrota y aceptación de su superioridad infinita.

En lugar de atravesarme con su espada, él también la clavó en el suelo y se postró ante mí con humildad. Así permanecimos varios minutos mientras un águila real hacía círculos encima de nuestras cabezas.

Por fin, él habló y su voz me penetró hasta las entrañas. Dijo que aceptaba mi derrota como una victoria y mi amistad como una bendición. Mi ira permanente se desvaneció por completo y mis ojos se llenaron de lágrimas.

A partir de ese momento se convirtió en mi maestro. Lo seguía a todas partes y nunca me dijo su nombre ni hizo referencia alguna de su historia. En el invierno caminaba sobre la nieve como flotando de tal forma que no dejaba huellas en ella. En el verano, mientras yo transpiraba, él permanecía fresco y sin mostrar cansancio alguno. Apenas comía pero cuando lo hacía, el acto adquiría un cariz sagrado. Me enseñó a pensar con claridad y a callar mi mente por completo. En ese silencio todo respondía y el conocimiento fluía sin obstáculos.

Vivió hasta los 130 años de edad sin haberse enfermado jamás. Un día antes de su muerte, me llamó a su lado, me entregó su espada y se despidió de mí con una sonrisa.

He tenido mucha suerte porque, tal como él, una mañana divisé a lo lejos un guerrero joven, inexperto e iracundo como yo lo había sido, y con un andar pausado y totalmente consciente, me le aproximé con una sonrisa en mis labios.

V

TÍBET - YO SIENTO

Sentados formando un semicírculo, mis amigos y yo permanecíamos absortos contemplándolo y, cuando hablaba, no perdíamos una sola de sus palabras. Era totalmente impredecible en su expresión y conducta, aunque siempre irradiaba amor y compasión. Se llamaba Milarepa.

Nos miró y con una expresión traviesa en su rostro nos preguntó: "¿Es el espacio obtrusivo?". Negamos con la cabeza; "¡Por supuesto que no!".

"¡Entonces muévanse!", nos ordenó. Intentamos hacerlo, pero algo extrañísimo había acontecido: el espacio se había solidificado, y por más que tratamos, no pudimos. Parecía que nos habían incrustado en el interior de una roca.

Pasaron varios minutos, y tan sorpresivamente como se había iniciado, de pronto el efecto de materialización desapareció y pudimos movernos. Volteamos en todas direcciones, como buscando a qué achacarle el milagroso efecto, mientras Milarepa se desternillaba de risa observando nuestro asombro. Nos encontrábamos en un valle primoroso, a unos cuantos metros de un río de aguas cristalinas que reptaba burbujeante murmurando con placidez. Frente a nosotros se alzaba la mole gigantesca del Nanga Parbat coronado de nieve, y a la derecha una colosal roca parecía ser testigo de lo que acontecía.

Milarepa volvió a preguntar: "¿Esa roca es obtrusiva?". Nos miramos unos a los otros y asentimos, aunque sin tanta seguridad como antes. Milarepa se levantó de su lugar y con un caminar ágil se acercó a la roca. Sin un esfuerzo aparente y con un dominio total, penetró en ella y la atravesó como si no existiera. No volvió con nosotros, sino que siguió caminando hasta perderse en la distancia.

Sabíamos que no retornaría pronto. Siempre había sido así; nos reuníamos con él, nos enseñaba y después retornaba precisamente después del lapso de tiempo durante el cual lográbamos entender la última lección. Yo había intentado seguirlo porque nada me importaba más que estar a su lado, pero nunca lo había logrado. No es que él me rechazara o se negara, pero su energía y vigor eran tales que casi no dormía y acompañarlo a su mismo paso era imposible.

La última vez que lo había hecho acabé exhausto después de siete días de marcha forzada. Me había mantenido junto a él utilizando todas las técnicas de vigorización y mantenimiento de la atención que de él había aprendido, pero mi límite fue un río, en plena crecida, que él atravesó caminando sobre sus aguas, mientras que yo ni siquiera me atreví a nadar en sus enfurecidas corrientes.

Frustrado, regresé a labrar la tierra en la ladera de la montaña que pertenecía a mi familia.

A veces, mientras cosechaba, oía un zumbido intenso proveniente de las nubes. Volteaba en esa dirección y veía a Milarepa volando serenamente en las alturas.

Pasaron varios meses antes de la siguiente sesión. Volvimos a reunimos en semicírculo y como siempre permanecimos absortos observándolo. No hizo movimiento alguno, pero una espiral de energía radiante salió de su pecho y se enfocó en el mío. Mi corazón comenzó a latir con fuerza y mi respiración se alteró. La fuerza del impacto me asustó al principio, pero luego comencé a sentir una emoción casi intolerable. Era amor puro, como si hubiese sido destilado en un alambique excelso y finísimo. Me llenaba hasta el último y más recóndito poro de mi cuerpo. No tenía referente concreto; adonde volteara, allí se enfocaba, desde un insecto por el cual sentía la más sublime ternura hasta una nube a la que penetraba amando cada una de sus diminutas vaporizaciones. Ni qué hablar de mis amigos o del propio Milarepa. A todos y cada uno los sentía con tal compasión y cariño que era difícil permanecer inmóvil sin manifestarlo abiertamente. Estoy seguro de que a ellos les sucedía lo mismo; tal era la intensidad y el brillo de sus ojos. En esta ocasión, Milarepa no se fue. Permaneció con nosotros todo el día sin pronunciar palabra y extrayendo de su pecho esa espiral que seguía activando nuestro corazón sin disminuirse o fatigarse. Comprendí que él vivía en ese estado y que nada era comparable con la posibilidad de aprender a permanecer allí permanentemente.

No volví a ver a Milarepa sino hasta treinta años más tarde, precisamente el día en el que murió. Nos reunimos junto a su lecho de muerte sus primeros y más leales discípulos. A cada uno nos dio un mensaje y a mí prometió protegerme desde el "otro mundo". Él sabía que mi vida había cambiado desde aquella sesión en la que su corazón había activado el mío. A partir de ese día, comencé a sentir con una intensidad antes desconocida para mí. Él había abierto una puerta a mi corazón y todo lo activaba. Mucho tiempo sufrí al no poder tolerar la fuerza de mis sentimientos, pero poco a poco me acostumbré a ellos y mi vida cambió adquiriendo una cualidad diferente. Nunca dejé de labrar el campo, y cada amanecer y todos los atardeceres que vi en esa vida me colmaron con tal sensación de belleza y buenaventura que siempre viví agradeciendo a Milarepa el regalo de enseñarme a sentir.

VI

JERUSALÉN - YO QUIERO

Habíamos pintado la casa de blanco por fuera y por dentro, y a Miriam la recuerdo con su pelo rubio flotando con la brisa, descalza y ataviada con un amplio vestido blanco que el viento hacía bailar graciosamente.

Se despedía de mí todas las mañanas levantando el brazo con una señal de adiós y me recibía todas las tardes cada día más bella y alegre. La calle donde vivíamos era de tierra y las huellas de sus pies quedaban inscritas en ella. No solamente la amaba, también la reverenciaba, y en las noches un deseo inmenso de poseerla me acompañaba, siempre creciente y alimentado por sus caricias y besos. Estaba totalmente entregada a mí y me colmaba adivinando mis deseos y anticipándose a ellos con una intuición y una sabiduría femeninas que siempre me asombraban.

Ambos pertenecíamos a la tribu de Levy y yo me dedicaba a impartir enseñanza en el templo. Acostumbrábamos a caminar por las calles de esa Jerusalén que los atardeceres pintaban de dorado. A veces nos sentábamos en una roca y veíamos la puesta del sol mientras el dorado cambiaba su tonalidad, y poco a poco se desvanecía dejando en su lugar una noche llena de estrellas brillantes. Cuando el viento soplaba entregándonos el aroma de los olivos y los huele de noche, nos tomábamos de la mano y sentíamos el flujo delicioso del amor corriendo a través de nuestros cuerpos delgados y jóvenes. Algunas noches, invitábamos a otras parejas a nuestra casa y platicábamos de los últimos acontecimientos mientras Miriam calentaba el té y nos ofrecía panecillos endulzados con miel.

En las mañanas, Miriam y yo, Andrés, nos contábamos nuestros sueños, y cuando ella soñó con una niña, supimos que Dios había decidido enviarnos una hija.

La habíamos deseado durante años y por fin nuestro anhelo fue colmado. A nuestra hija la llamamos Esther; era pelirroja y muy traviesa. No había mayor alegría que verla crecer y jugar.

Mensajeros provenientes de Galilea nos dieron la noticia en el templo. Un joven prodigioso había aparecido hablando como lo habían hecho los profetas. Una comisión fue enviada para invitarlo a dialogar con los rabinos y él aceptó. En una sala nos reunimos todos y el joven llamado Joshua nos dejó sobrecogidos de admiración pero también de temor. Hablaba con una seguridad extraña para su corta edad, pero lo que decía sentíase provenir de un centro lleno de inspiración y sabiduría.

Yo le comenté a Miriam lo que había sucedido y ella también se interesó. Las noticias acerca de Joshua eran discutidas cada vez con mayor fervor. Todos nos preguntábamos acerca del origen de su sabiduría y de los milagros que se le atribuían. Decían que curaba enfermedades terribles con solo tocar a los pacientes y que grandes multitudes lo seguían.

Nos alarmamos cuando a nuestros oídos llegó lo que parecía ser una terrible blasfema atribuida a ese joven. Nos dijeron que se decía "Hijo de Dios" y "Mesías". Volvimos a llamarlo al Templo y allí confirmamos nuestras sospechas. Le prohibimos seguir blasfemando, pero él nos dijo que solo obedecía a su "Padre en los Cielos".

Yo estaba tan intrigado por Joshua y hablaba tanto de él que Miriam me convenció de ir a hablarle y así lo hice. Una tarde me despedí de mi familia y fui a buscarlo. Me lo encontré en el campo y al acercarme me pidió que lo siguiera. Nos sentamos debajo de un olivo y me dijo quién era y a qué había venido. Me conquistó por completo y me aceptó como discípulo.

Regresé a casa y le conté a Miriam lo que había sucedido. Me miró con temor y con una súplica en sus ojos. Parecía haber adivinado lo que sucedería.

Empecé a tener problemas en el templo por mi asociación con Joshua y poco a poco me alejé de Miriam y mi hija. Una mañana decidí dejarlo todo para poder estar permanentemente al lado de Joshua.

Abandoné a mi familia y me reuní con él y otros once que, como yo, habíamos decidido dedicarnos completamente a seguirlo. Miriam y Esther me fueron a buscar desesperadas por los acontecimientos. Las recibí y les dije que nada sería igual a lo que fue. Me pidieron regresar con ellas y volver a vivir como antes, pero yo me negué.

Me dediqué a escribir todo lo que veía. Descubrí una cueva y en ella guardé los manuscritos sellados dentro de grandes jarras. Las enterré con la esperanza de que fueran halladas en algún futuro.

Los acontecimientos que siguieron son conocidos. Joshua fue encarcelado, juzgado y después crucificado; sin embargo, no murió. Poseía tal control sobre su cuerpo que lo paralizó para que lo creyeran muerto. Su madre María y algunos de sus discípulos lo trasladamos a una cueva en la cual se recuperó. Una noche, burlando a los guardias romanos y disfrazados, huimos de Jerusalén. Joshua había vivido durante su juventud en la India. Allí había aprendido de grandes maestros. Caminamos durante meses y por fin llegamos a Cachemira en el norte de la India. Nos establecimos en ese lugar y allí pasamos el resto de nuestros días.

VI

INDIA - YO ANALIZO

El sol del mediodía caldeaba el desierto de Rajastán hasta el grado en el que permanecer al descubierto se volvía un infierno. Sin embargo, esa era precisamente la hora del día en la cual el estiércol adquiría la textura adecuada para ser recolectado. El estiércol era nuestro combustible y con él encendíamos el fuego para cocinar y calentarnos en las noches. Mis amigas y yo salíamos a recorrer la tierra partida y las dunas arenosas que brillaban intensamente reflejando los rayos amarillos del sol. Ni siquiera los monos nos molestaban porque a esa hora permanecían recostados aprovechando la frescura de la sombra de los pocos árboles que quedaban con vida.

Mi tez era morena, mi piel fuerte y mi talle delgado. Andaba con paso lento, totalmente erecta porque mi dignidad era lo único que me sostenía.

Los hombres me asediaban por mi belleza y por eso odiaba mis ojos penetrantes y mis labios delgados. Vivía con las mujeres y nos protegíamos unas a las otras de la insistencia masculina por satisfacer sus deseos con nuestros cuerpos. Me habían violado tantas veces que cada vez que veía a un hombre, me daban ganas de provocarle el mismo dolor que su pene erecto penetrando mis carnes secas me había causado. Sin embargo, deseaba casarme y tener hijos. No comprendía por qué lo anhelaba y me pasaba horas enteras analizando la contradicción entre mi repulsión y mi atracción.

Pertenecía a la casta de los intocables y penetrar a los mercados o a los templos me era prohibido. No conocía a mis padres y el temor a la lepra me aterraba.

A veces, al cerrar los ojos, veía una cara y un sentimiento extraño fluía a través de mi cuerpo. La dibujaba en la arena intentando representar su cabello largo, su barba rubia y sus ojos penetrantes, pero nunca logré estar satisfecha con el resultado. Era mejor verla en mi mente y analizar su procedencia. Deseaba encontrar el hombre vivo dueño de esa cara, y cuando me desesperaba el sol o no aguantaba el escozor de mis manos, producido por el estiércol, me imaginaba otra vida, junto a ese hombre, protegida y amada. Pero nunca conocí a alguien, ni siquiera parecido.

Solamente una vez fui feliz. Caminaba por el desierto cuando vi a lo lejos un renunciante recolectando estiércol como yo. No le tuve miedo y me acerqué a él. Supe que él me había percibido, pero no mostró ninguna señal de reconocimiento por mi presencia. Aquello me tranquilizó y me mantuve a su lado sintiendo una seguridad que jamás antes había experimentado.

Al atardecer nos sentamos uno junto al otro y le conté mi vida y le confesé mis sufrimientos. Me vio con una mirada parecida a la de los ojos de la cara que veía en mi mente, y me dijo que todo era un aprendizaje y que debía tener paciencia y analizar el significado de lo que me sucedía. Me despedí de él al amanecer y lo dejé acariciar mi cuerpo, por primera vez excitándome con el contacto con un hombre. No lo volví a ver, pero su recuerdo perduró en mi memoria y sus palabras también.

Mi vida era un aprendizaje, me había dicho. Y yo debía analizar su significado.

Poco a poco, y a medida que envejecí, me di cuenta de que sus palabras reflejaban la verdad.

Hacia el final de esa vida, mi mente comenzó a jugarme tretas extrañas. Cuando me despertaba, por las mañanas, sentía mi cabeza dividida en docenas de compartimientos. Cada uno de ellos era un mundo completo y complejo. Lo que sucedía en cada mundo era de una importancia y dramatismo totales. En cada experiencia de cada compartimiento se jugaba a la vida y a la muerte pero no existía absolutamente nada que uniera entre sí a todos los mundos. Viajaba entre las realidades que representaban sin encontrarme a mí misma. A veces permanecía durante días enteros en esa situación, hasta que por fin un yo unificado aparecía, pero no duraba mucho. A la mañana siguiente me volvía a suceder lo mismo. Mi único recurso era analizar lo que acontecía en cada sección de mi mente, intentando, con desesperación, encontrar alguna pista que me pudiera ayudar, algún camino de unión entre todos esos mundos.

Me di cuenta, hacia el final de mis días, de que la unión no pertenecía y no se podía hallar a partir y desde los compartimientos. La unión pertenecía a otro nivel que aparecía súbitamente e independiente del análisis, pero de alguna forma ayudado por él.

Morí viajando entre tres compartimientos analizando sus contenidos.

VIII

POLONIA - YO EQUILIBRIO

Desde mi ventana los veía caer, lentos y acolchonados como si poseyeran vida propia. Algunos se pegaban al vidrio impulsados por una suave corriente de aire. Entonces me acercaba lo más posible para observar sus formas. Todos eran perfectos pero diferentes unos de los otros. Me preguntaba cómo podía ser aquello. En una noche de tormenta, la cantidad de copos de nieve no podría ser contada ni siquiera con el uso de todas las combinaciones posibles de las letras del alfabeto hebreo. Sin embargo, existía una similitud. Cada palabra tenía un índice numérico resultante de la suma del valor de cada letra. El número de palabras también parecía ser infinito, aunque seguramente menos infinito que la cantidad de copos. ¿Dos infinitos?

El recuerdo de Reubén me asaltó en ese instante. ¡Qué ganas de que ya fuera mañana para poder discutirlo con él a la salida de la yeshivá!

"¡Reubén, Reubén!, ¿cómo podía ser que alguien diferente de uno fuera tan afín a uno?". Reubén entendía todas mis preguntas, las vivía como propias y me ayudaba a darles respuestas… "¿Dos infinitos?".

Mi mente no dejaba de pensar; también era cierto que había familias de palabras que coincidían en valor numérico y familias de familias. Había que agradecer a los grandes rabinos y cabalistas haberse pasado vidas enteras contando y haciendo combinaciones de las palabras de la Torá por el legado que nos dejaron. Leer la Torá con gematría era como penetrar a otro universo y entenderlo.

Si las palabras pertenecían a familias, ¿los copos no? Me acerqué más a la ventana y allí estaban; algunos eran más parecidos que otros y ciertamente podía uno abstraer de sus formas diferentes, componentes comunes, algo así como su geometría global.

Mi madre entró a mi dormitorio en ese instante. Me recordó que mañana debía levantarme a las cinco porque los caminos estaban bloqueados por la nieve. Me recosté pero no pude dejar de pensar. ¿También Reubén y yo, Mordejai, éramos como las familias de palabras y las geometrías comunes de los copos de nieve?

Decidí preguntárselo mañana; ¡sí, mañana sería un día interesante!, tal y como lo había sido hoy. Me dormí y soñé que Reubén tenía otro nombre y era mujer. Lo recordé durante un instante al despertarme… Balikai, pero se perdió en mi memoria apenas me levanté.

La tormenta de la noche había dejado un paisaje blanco de una pureza transparente. Me enfundé mis guantes, me puse mis botas y un abrigo de piel y seguido por mi perro eché a andar en dirección a la yeshivá.

Sabía que Reubén estaría haciendo algo similar, aunque su casa estaba situada en el otro extremo del pueblo. La yeshivá ocupaba una cabaña de madera que todas las mañanas nos acogía junto con otros estudiantes y nuestro maestro, el rabino de la comunidad.

Hacíamos el rezo matutino y después, durante horas, nos dedicábamos a leer pasajes del Talmud y a discutirlos. Nuestra mente buscaba argumentos y nuestro espíritu versículos de la Torá para defenderlos. En ocasiones se nos encendía la pasión al entrar en un desacuerdo complejo. Cada uno discutía a gritos defendiendo su posición y el rabino intentaba mediar entre nosotros, sin mucho éxito.

A las dos de la tarde interrumpíamos para comer y, durante ese lapso, Reubén y yo aprovechábamos para conversar. Compartí con él mis pensamientos acerca de los copos de nieve y sus relaciones con la gematría. Reubén me dijo que a mis observaciones les hacía falta un marco de referencia más general que pudiera englobarlas y darles dirección. Lo cuestioné acerca de la misma y él se quedó pensando un instante adoptando su postura característica. Se acarició la oreja derecha y me contestó muy serio: "La pregunta es acerca de cómo se activa el significado". Yo me entusiasmé: "Por supuesto", le dije radiante, "esa es la pregunta esencial".

Nos enfrascamos en una discusión deliciosa a partir de allí. Según Reubén, todo lo que acontecía reflejaba la existencia de un orden trascendente en el cual no existe el azar. Dependía de la capacidad de "ver" la posibilidad de hallar ese orden y así asignarles un significado a los eventos y a las palabras. La más nimia acción podía ser vista como representante de un patrón trascendental, y cuando eso se lograba, la vida adquiría un sentido íntegro. En cambio, cuando una acción se percibía aislada y en forma concreta, se perdía su significado puesto que se la desligaba del patrón global.

Yo le dije que por detrás de sus palabras se escondía la consideración de que todo lo que acontece es perfecto y absolutamente determinado, y que estaba de acuerdo con ello. Me miró con una sonrisa y continuó: "No solamente eso, sino que nosotros participamos de ese orden y podemos influir en él. Cuando eso sucede y comprendemos el significado de nuestros actos y estos colaboran con el patrón trascendente, nos sentimos plenos y nos llenamos de satisfacción. Cuando, en cambio, actuamos sin esa conciencia, nuestra vida parece perder sentido y valor". "Desde luego", asentí, "pero eso no significa que no existan sucesos que se encuentran fuera de nuestro control y que no comprendamos". "Es cuestión", respondió él, "de saber cuál es nuestro territorio y de expandirlo. Conocer en qué participamos y cómo lo hacemos es una responsabilidad ineludible. Los eventos que sentimos fuera de nuestro control hablan de la existencia de una realidad a la que todavía no tenemos acceso y debemos agradecer su ocurrencia". "Sin embargo", dije yo, "a veces nos asustamos y el miedo nos invade".

"El miedo refleja una falta de fe", afirmó Reubén enfáticamente, "y no es válido desde ningún punto de vista".

El rabino nos interrumpió en ese instante invitándonos a continuar con el Talmud. A las cinco de la tarde empezó a oscurecer y todos regresamos a nuestras casas. Me despedí de Reubén, sintiendo que lo admiraba y quería.

Al día siguiente, la misma secuencia de acontecimientos se repitió, pero nada era igual que ayer. Al vestirme, recapitulé mi diálogo con Reubén y me di cuenta de que muchos de mis actos los pasaba por alto sin pensar en su significado. ¿Por qué, por ejemplo, me calzaba la bota derecha antes que la izquierda? ¿O por qué miraba en una dirección y no en otra? Si yo participaba del orden global, cada movimiento de mi cuerpo afectaba, en una forma u otra, los acontecimientos, y más me valía ser consciente de mi participación en ellos.

Ese día, la discusión con Reubén versó acerca del lenguaje y de cómo también podía ser o no significativo. "Existen instrumentos que ayudan a entender", me dijo Reubén con el ceño fruncido, "como la gematría".

"Tú podrías transformar cada una de mis palabras en un valor numérico y seguramente hallarías aspectos comunes que de otra forma no percibirías. Cuando cada palabra", continuó diciendo, "es pronunciada desde el significado, el lenguaje se vuelve un arte sublime. En cambio, cuando se deja salir lo que se dice sin ese significado, entonces se pierde el sentido o se manifiesta una repetición concreta".

Eso también era cierto, pensé para mí sin expresarlo, pero ¡qué fastidioso debe ser transformar todo en números!

Reubén me reclamó mi silencio y me pidió expresar mis pensamientos, pero yo sentí que no tenían altura y me dio pena hablar. Ante su insistencia, le dije lo que pasaba por mi mente y él se rio a carcajadas. "Por supuesto que no es necesario hacer eso", me dijo cuando acabó con esa risa que a mí me produjo una mezcla de vergüenza y coraje. "No te das cuenta", me reclamó, "que eso lo hacemos naturalmente, como si en nuestra cabeza poseyéramos un mecanismo de traducción. El problema es que a veces la maquinaria tiene piezas sueltas o desgastadas y allí es necesario utilizar un instrumento externo. Pero cuando todo funciona bien, no es necesario usar más que lo que naturalmente se da".

El rabino había oído nuestra discusión y en ese momento nos interrumpió: "Precisamente para que funcione bien utilizamos el estudio del Talmud y por eso se inventaron los yeshivot". Los tres nos reímos y así penetramos a la cabaña.

Al día siguiente, sentí que una presencia invisible me acompañaba. Era lógico pensar que no estábamos solos y que lo que venía a nuestra mente como pensamientos originales provenía de seres más avanzados que nosotros que nos ofrecían su ayuda. Planteé la cuestión durante la mañana aprovechando un comentario talmúdico y todos se me quedaron viendo con una expresión de extrañeza en sus rostros. "Estás todavía muy joven para penetrar en esos misterios", me reconvino el rabino cuando se despidió de mí; "ten cuidado", me dijo con una expresión seria en su rostro.

A partir de ese día, me comenzaron a suceder cosas muy extrañas. Cuando platicaba con Reubén, de pronto y sin previo aviso, veía dentro de mi mente escenas de lugares que nunca había imaginado que pudieran existir: soles anaranjados, playas candentes y mares plateados. Me veía flotando en medio del espacio con miles de estrellas a mi alrededor. También comencé a oír una música cuyo compositor no podía ser sino el mismísimo Dios. Mi cuerpo no resistió tales visiones y enfermó de gravedad, pero ningún médico pudo averiguar la causa. Reubén me venía a visitar, pero en su presencia y en medio de fiebres altísimas, las visiones se intensificaban. Mis padres le prohibieron platicar conmigo y lo dejé de ver durante una convalecencia larga y penosa de la que sobreviví más delgado y pálido que nunca.

Por fin me recuperé y volví a asistir a la yeshivá, pero a Reubén ya no lo volví a ver. Se había ido a otro pueblo a continuar su educación rabínica.

Nunca salí de mi pueblo y cuando mis padres murieron, heredé su casa y me casé. Viví hasta los 85 años y nunca me olvidé de Reubén y mis conversaciones con él. Hacia el fin de esa vida, comprendí que la verdad se encuentra en el equilibrio exacto de todas las cosas.

IX

FRANCIA - YO DESEO

La alfombra no dejaba oír mis pasos mientras avanzaba entre jarrones gigantescos de porcelana, cuadros representando batallas y muros pintados de varios colores. Del techo colgaban candiles con cientos de cristales alumbrados por las velas que reflejaban decenas de matices iridiscentes en sus aristas. Ni siquiera sospechaba que vivía en un lujo desorbitado porque así había nacido y nunca conocí otra forma de vida.

Mi padre pertenecía a la alta aristocracia francesa; se llamaba Luis Antonio y mi madre se pasaba horas enteras frente a espejos gigantescos probándose pelucas de todas formas y colores.

Mi hermano era menor que yo y a él sí le permitían visitar a mi madre cuantas veces quería y pasarse a su lado mañanas enteras. En cambio a mí, eso me estaba prohibido.

Por eso la deseaba tanto y por ello avanzaba furtivo en ese salón. Sabía que detrás de la puerta localizada en su extremo estaba la alcoba de mi madre, y que si no hacía ruido, podría verla a través del agujero de la cerradura, sin que adivinara mi presencia. No entendía el porqué del rechazo materno y la razón de que mi amor se acrecentara cada vez que mi madre me apartaba de su lado. Hacia mi hermano sentía un odio y unos celos terribles. Dentro de mí, todo se matizaba por un deseo insatisfecho y frustrado.

Me pasaba las tardes viendo a las cocineras preparar los platillos exóticos que servían para impresionar a los invitados a las cenas. Yo odiaba esas cenas y al mismo tiempo las amaba. Me repelían por la artificialidad que notaba en todos los gestos pero me atraían porque a un lado de la cabecera en la que siempre se sentaba mi padre estaba ella, radiante y sofisticada platicando con los invitados. No le quitaba los ojos de encima y a veces me olvidaba de comer con tal de no perder alguno de sus movimientos. Mi hermano, a mi lado, parecía no pensar en otra cosa que en las viandas y las golosinas que se esfumaban de los platos y se trasladaban a su boca para desaparecer allí con rapidez y fruición.

Siempre me preguntaba el porqué de la diferencia entre mi hermano y yo, y el deseo y los celos se acrecentaban.

Hacía cualquier cosa para halagar a mi madre y atraer su atención, pero de nada servía. En cambio, mi hermano no le hacía caso y ni siquiera la miraba, pero ella lo cargaba en brazos, lo besaba y acariciaba.

En las noches apretaba las quijadas para que no me oyeran llorar y me arrullaba con la almohada meciéndome lentamente hasta que me vencía el sueño.

Cuando cumplí 21 años, mi padre murió. Durante una cacería se había enfriado y enfermado de pulmonía. No la resistió y dejó este mundo después de una agonía terrible.

Empezó a frecuentar el castillo una mujer llamada Paulette. Mi madre y ella se pasaban el día juntas y en ocasiones también las noches. Yo seguía con mi costumbre de asomarme al picaporte de la puerta de la alcoba de mi madre y una noche vi un espectáculo que me dejó paralizado de asco y repulsión. Mi madre y esa mujer estaban desnudas y acostadas sobre la cama besándose y acariciándose.

Todo mi deseo frustrado explotó en ese momento. Con las fuerzas de mi coraje reprimido desbordándose, golpeé la puerta y penetré iracundo a la alcoba. Las dos mujeres comenzaron a gritar y a chillar mientras yo las golpeaba.

A partir de ese día, mi vida se volvió un infierno.

Por ser el primogénito, me correspondía la mayor parte de la herencia de mi padre. Yo me dedicaba a la cría de perros de caza y, de vez en cuando, intervenía en algún problema político apoyando a uno u otro amigo, aprovechando las influencias de mi padre. Las intrigas de la corte me eran repulsivas y trataba de no inmiscuirme más de lo absolutamente necesario en ellas, pero debido a mi posición, en ocasiones no podía dejar de hacerlo. Mi madre era amiga de la emperatriz y su amiga Paulette, una cortesana de la peor ralea.

Una mañana, mientras entrenaba a mis perros, vi aproximarse un carruaje real escoltado por un conjunto de soldados. Preguntaron por mí y me mandaron llamar. Del carruaje descendió un capitán y me arrestó. Protesté pero me informó que había sido acusado de conspiración en contra de la Corona real y la orden provenía de la misma emperatriz.

Fui encarcelado y, tras un juicio sumario, sentenciado a muerte en la horca.

Paulette y mi madre habían tramado todo aquello. En el momento en el cual sentí el tirón de la soga alrededor de mi cuello, un enorme deseo de venganza me envolvió y la imagen de una mujer rubia, descalza y con un vestido blanco rogándome que volviera a casa se presentó en mi mente.

X

SAFED - YO VEO

Todas las tardes los veía caminar subiendo y bajando por las veredas de mi Safed natal. La ciudad con sus casas diseminadas en las colinas parecía iluminarse de violeta como si esos cuerpos irradiaran, a partir de sus facciones graves y barbadas, esa luz suave y caliente. El que más me asombraba por su luminosidad era el que llamaban el Ari o "León de Safed". Había llegado dos años antes y todos los demás lo seguían y oían atentamente. Yo ya sabía por dónde andarían y, sin que lo notaran, llevaba mi rebaño de cabras a pastar cerca de las veredas por donde ellos transitaban.

De pronto, el Ari extendía su brazo derecho como señalando algo invisible y todos los demás lanzaban exclamaciones de asombro como si en verdad algo o alguien existiese en el paraje que el Ari había indicado. Yo trataba de entender lo que decían, pero no me atrevía a acercarme demasiado.

A veces visitaban los cementerios y parecían platicar con los muertos. Eso no me agradaba y entonces me alejaba y me prometía no volver a acercarme a ellos. Sin embargo, esa luz violeta me atraía más que las flores de las colinas o el perfume y los cuerpos sinuosos de las doncellas. Al día siguiente, los volvía a ver caminando y me aproximaba, con mis cabras, lo más cerca que podía.

Casi todo el día, fuera de esas caminatas, permanecían encerrados en la sinagoga. A veces se les oía cantar o discutir a grandes voces.

Una tarde el Ari me vio. Lo noté porque me señaló con el brazo extendido y después le comentó algo a su más cercano acompañante. Yo lo conocía, se llamaba Hayim, y desde que llegó el Ari a Safed, no se separaba de él. Decían que era su principal discípulo. Me sonrojé sintiéndome cohibido y hui ante el temor de que me mandaran llamar.

Durante una semana evité al grupo en sus paseos vespertinos. Puesto que sabía por dónde caminarían, escogía a propósito otras direcciones y distintos parajes para no permitir que me viesen. Al octavo día, sin embargo, no lo soporté más. Extrañaba su luz violeta y la sensación de calidez e inspiración que me provocaba. Llevé a mis cabras a pastar en una intersección de dos veredas y allí los esperé. Oí sus voces antes de verlos y aunque sentía temor me quedé aguardándolos. El Ari venía guiando al grupo con Hayim a su izquierda. Volví a ver la luz violeta y, cuando se acercaron lo suficiente, pregunté en voz alta: "¿De dónde viene su luz violeta?". El Ari se rio y me llamó a su lado. Me preguntó lo que veía y mi nombre. Se lo dije: "Me llamo Daniel y nací en Safed". Me invitó a caminar a su lado y seguimos hablando. Mi sensación era como si el suelo que pisaban mis pies hubiese desaparecido y yo flotara en medio de nubes con esa luz violeta más intensa que nunca antes. Le confesé lo que sentía y el Ari volvió a reír. Me invitó a estudiar con él y acompañarlo en sus caminatas. Yo accedí.

Poco a poco fui entendiendo la razón de los señalamientos del Ari. Detectaba las tumbas de grandes sabios y, al acercarse a ellas, nos describía sus vidas y enseñanzas. También comprendí por qué todos lo admiraban. Siempre era amable y tierno, aunque al mismo tiempo fuerte y osado. No permitía distracciones u olvidos. Me convertí en uno de sus doce discípulos más cercanos y, como todos los demás, se me asignó un día de la semana: el jueves como propiciatorio para mi progreso espiritual; y un día al mes: el noveno, en el que nada podría dañarme. Nos llamábamos "los Cachorros del León de Safed" y así nos empezaron a conocer. Todos los jueves, el Ari me llamaba a su lado y durante horas me hablaba acerca del estado de mi alma y me enseñaba diferentes técnicas para ayudarla a progresar.

En una de esas ocasiones, se me quedó viendo atentamente, provocándome una sensación de cosquilleo y presión en el entrecejo. Me pidió cerrar los ojos y la luz violeta apareció en el interior de mi mente con tal brillantez que sentí que me cegaba. Entonces, el Ari colocó dos de su dedos en contacto con mi frente y me habló de mis vidas pasadas y de todo lo que había aprendido en ellas. Me dijo que, al igual que en Safed, yo había sido uno de los doce discípulos más cercanos de un gran rabino de hacía muchos siglos. Me habló de la India, del Tíbet, de Egipto y de Polonia. Me dijo que nos habíamos conocido en las faldas del monte Sinaí y cuando "vio" mi vida previa a Safed, el tono de su voz se convirtió en un lamento. Le pregunté lo que observaba, pero él no quiso relatármelo. Solamente afirmó que ya comprendía por qué lo necesitaba y me prometió que me ayudaría.

Salí de esa sesión completamente confuso. Ya sabía que las almas transmigraban y que el "camino" era regresar a la Unidad. Sospechaba que Safed no era mi primera vida, pero nunca me imaginé que alguien tuviera la capacidad de recordarlas.

Solamente un año estuve al lado del Ari porque una epidemia lo contagió de muerte, haciéndolo desaparecer de este mundo. Durante ese año le pregunté datos acerca de esa vida previa, pero él se negó a compartirlos conmigo. En cambio, se interesaba mucho en mi conducta con las mujeres y me hacía preguntas extrañas acerca de mis emociones con respecto a ellas. Yo era soltero y no tenía mucho interés en casarme, pero fuera de ello, mis relaciones eran placenteras y pacíficas.

El Ari parecía asombrado al oírme y un día me dijo que no sería sino hasta dentro de dos vidas que sucedería. "¿Sucedería qué?", le pregunté alarmado, pero él no quiso contestarme.

A cada uno de nosotros nos asignó un tipo especial de meditación. La mía implicaba aprender a amar a todas las criaturas y controlar mis emociones. También me enseñó a "ver". Debía ser consciente de todos mis actos y pensamientos. Antes de entrar a rezar en la sinagoga, debía ofrecer un donativo anónimo a los pobres. El Ari me enseñó a evitar hacerle daño a cualquier criatura viva, desde una hormiga hasta un hombre o mujer tanto en mi pensamiento como en mis actos.

Oír hablar al Ari era como situarse junto a una cascada inagotable de conocimientos y sabiduría. Él decía que todo estaba interconectado y que nada ocurría por azar, y que sus ideas brotaban de la misma fuente que alimentaba la vida.

Por ello no podía escribir; hacerlo era más lento que el pensamiento. Hayim se encargaba de anotar sus palabras.

Nos hablaba de la creación y del *tsimtsum* o contracción Divina. Dios ocupa todo y es una Unidad perfecta. Por ello tuvo que concentrarse en sí mismo para dar espacio para la creación. Dios, el "Sin Final" o Ein Sof refulgía y nosotros debíamos purificarnos para ser iluminados por Él sin velos de obstrucción de su luz eterna y magnificente. Practicábamos día y noche para lograrlo y, antes de acostarnos, repasábamos todas las memorias de nuestras acciones del día para buscar en ellas signos y señales de errores y pecados por corregir y limpiar. Cuando la epidemia azotó Safed y el Ari se enfermó, nos llamó a su lado y nos dijo que él ya sabía que no viviría mucho y que en tres días su cuerpo moriría. Así sucedió.

Hayim poseía una mente privilegiada. Había nacido como yo en Safed, pero era hijo de un rabino, mientras que mi familia se dedicaba a la cría de cabras. Desde niño, Hayim tuvo contacto con grandes rabinos y con no menos poderosos magos. Sabía de los misterios de lo oculto y aun antes de que conociera al Ari era considerado un gran cabalista.

Me contó que conoció al Ari en el mes de febrero de 1571 y que antes no lo había querido ir a saludar porque sentía que nada podía enseñarle. Sin embargo, desde su primera conversación con él, reconoció la superioridad del Ari y le pidió que lo aceptara como discípulo. El Ari le dijo que había venido a Safed desde Egipto para convertirse en su maestro y así enseñarle todo lo que sabía.

Juntos, fueron al lago Tiberiades y allí el Ari lo hizo tomar un sorbo de agua. A partir de ese momento, Hayim comenzó a entender las enseñanzas del Ari y durante los siguientes 18 meses no se separaron un solo día. Hayim había memorizado el sistema del Ari y, ayudado de sus notas, empezó a escribir una serie de libros para preservarlo. Yo le pedí que me dejara colaborar en esa empresa y, aunque al principio se negó, después aceptó mi ayuda. En las noches, Hayim recibía la visita del espíritu del Ari y yo fui testigo, en varias ocasiones, de lo que sucedía entre esos dos seres privilegiados.

Acompañé a Hayim a Jerusalén, en donde ambos pasamos una temporada estudiando con el rabino Alshech. Yo me quedé en Jerusalén, cautivado por su energía, mientras que Hayim se fue a vivir a Damasco.

En Jerusalén, las calles me hablaban de recuerdos intensos y una casa blanca de piso de tierra me despertó una nostalgia terrible. Decidí regresar a Safed; allí enseñé cábala y morí tranquilo tras toda una vida dedicada al estudio de la Torá. Llegué a poseer videncia, la que me permitía predecir ciertos acontecimientos y darme cuenta de las intenciones de los demás. Siempre recordé a Hayim, pero sobre todo al Ari.

Que Dios lo bendiga con gran felicidad.

XI

RUSIA - YO USO

El espacio restringido me desesperaba. Solo podía dar tres pasos en el interior de la celda, pero mi voluntad era más fuerte que esa prisión. No importaba la hora del día ni el reclamo de mis vecinos; pasara lo que pasase, yo no interrumpía mis ejercicios. Hacía sentadillas, corría en un mismo sitio, me paraba de manos y practicaba abdominales. Debía conservarme fuerte y atlético porque sabía que esa no sería mi última morada. La Revolución triunfaría y yo recobraría la libertad junto con el resto de mi pueblo.

"El pueblo que quieres liberar no es tu pueblo", me había dicho mi padre como último intento para que me olvidara de Vladimir Ilich y todas sus ideas. Pero de nada había servido. Además no era yo el único. Cinco compañeros más y dos compañeras, todos judíos de los pueblos cercanos al mío, nos habíamos puesto de acuerdo. Sabíamos que Vladimir Ilich había sido exiliado a Siberia y precisamente allí planeábamos viajar para reunirnos con él. Era una aventura grandiosa y todos así la vivíamos. Si para nosotros, los hombres del grupo, había sido difícil la decisión, para las mujeres esta había implicado un coraje que reconocíamos y admirábamos.

Teníamos planeado vernos en Moscú y de allí partiríamos todos juntos para cumplir nuestro destino.

El viaje en tren duró tres semanas; el frío de las llanuras y las estepas nos traspasó la mayor parte del trayecto, pero el fuego de nuestra intrepidez y el saber que pronto estaríamos al lado de Vladimir Ilich, compartiendo su mesa y alimentándonos de su tremenda voluntad, nos calentaba por dentro y nos mantuvo cobijados durante la travesía.

Durante dos años y medio, vivimos en una cabaña vecina a la de nuestro maestro y su esposa Nadezhda. En ese lapso, aprendimos cómo organizamos y adquirimos poder para preparar la Revolución. Vladimir Ilich no pensaba en otra cosa durante el día y Nadezhda nos contaba que a veces se despertaba a la mitad de la noche para seguir meditando en ella.

Vladimir se despidió de nosotros para dirigirse a Múnich al terminar su condena. Nosotros regresamos a Moscú y allí recibíamos el *Iskra*, periódico en el que él escribía sus ideas.

Preparamos la Revolución de 1905 y volvimos a encontrarnos con Vladimir Ilich en noviembre. Nuestro grupo era, para ese entonces, un organismo veterano en la lucha clandestina y en el uso de estrategias políticas para sumar adherentes y organizar el poder.

Habíamos logrado, años antes, convencer al partido judío Bund de apoyar a Vladimir Ilich, quien adoptó el seudónimo Lenin. Este apoyo le dio mayoría de votos durante el Segundo Congreso Marxista y a partir de allí nos llamaron bolcheviques.

Pero la Revolución de 1905 fue derrotada: Lenin condenado de nuevo al exilio y nosotros a prisión.

Puedo ver, desde mi celda, las vejaciones a las que son sometidas mis camaradas. Durante años hemos luchado juntos y su valentía de guerreras había incrementado mi admiración hacia ellas hasta un grado sublime. A Nasha la amaba y ahora el ver lo que le hacían los carceleros me hacía hervir la sangre de coraje. En las noches las oía sollozar y me juré a mí mismo sobrevivir para conquistar el poder y acabar con toda la injusticia y corrupción del régimen zarista.

Cinco años duró nuestro encarcelamiento, pero salimos de la prisión más decididos y fuertes que nunca antes. Nos fuimos a vivir a San Petersburgo (Petrogrado) y allí organizamos a los obreros y, junto con los soldados, arrestamos al zar. Volvimos a reunimos con Lenin en abril de 1917 un mes después de la abdicación del zar. Organizamos con él la estrategia final para el triunfo de la Revolución y en la tarde del 23 de octubre de 1917, y después de un debate que duró diez horas, convencimos al Comité Central Bolchevique de realizar un golpe de Estado en contra del gobierno provisional de Kerensky.

Durante quince días, adiestramos a los guardias rojos bolcheviques y a los soldados y marineros revolucionarios para asestar el golpe final, y el 7 y 8 de noviembre arrestamos a los miembros del gobierno provisional y elegimos a Lenin como jefe supremo de la Revolución.

Durante siete años construimos, al lado de Lenin, el socialismo soviético, pero al mismo tiempo vimos acumular poder desmedido en las manos de Stalin. Lenin intentó bloquear el ascenso de Stalin, pero la astucia de este fue más poderosa que las medidas de Lenin.

Cuando Vladimir Ilich murió y Stalin subió al poder, supimos que eso sería nuestro fin. Una madrugada, fuimos arrestados y fusilados.

XII

MÉXICO - YO SÉ

1

Mi mente inicia su habitual recorrido matinal. Los estados de inmovilidad y paz comienzan a transformarse en una sensación de extrañeza. Ya ni siquiera es válida la observación porque esta se ha incluido dentro de un sistema de juicio. Comienza la nada y en ese estado decido levantarme. Otra vez es necesario hacer porque ser ya no es factible. Hay un deseo y cuando aparece un deseo ya no es posible la vida. La música de Carl Philipp Emanuel Bach no es capaz de transformar la experiencia. Desesperación e inquietud; la noche oscura del espíritu y la sensación de poseer un cuerpo con un supraconsciente asociado con la luna.

Lo único que puede satisfacer es estar con Katya y ella permanece en su propia casa, luminosa y acompañada por toda la vida, mientras que a mí solo me acompaña una mente llena de resentimientos. Lo que era ya no existe. El poder del silencio se ha transformado en un conocimiento totalmente ajeno. El contacto ha desaparecido y ha sido sustituido por el juicio acerca de su irrealidad invisible. Quiero decir que el impulso a no satisfacer ilusiones y mantenerme en consideración de realidad tangible y ausente de falsedades me ha llevado hasta el total desconocimiento de mi propio mundo. Mi propio mundo es totalmente intangible y etéreo.

La decisión la ha provocado ella o más bien el impulso a conquistarla desde su propio mundo. Al inicio era yo mismo puro sin consideraciones otras. Debía compartir mi mundo puesto que mi mundo era la realidad. Pero la fuerza ha estado de su lado y su tremenda capacidad de dignidad sin sacrificio lo ha transformado todo. Su mundo es más real y auténtico mientras que el mío solo aparece en condiciones excepcionales y estas requieren una ausencia de roces con miles de condiciones que para el cuerpo son necesarias. El escribir me está calmando. Ya noto la aparición de flujos de conciencia clara y un ligero aunque luminoso equilibrio mental. Los "otros" casi no aparecen y eso me llena de orgullo, pero se mantienen allí, agazapados, detrás de alguna rendija que logro mantener relativamente cerrada. Los "otros" son Katya y Katya. Leerle esto y esperar por alguna señal de admiración…

¡Cuánta dependencia! Y todo porque ella no quiere vivir conmigo…

Ella me ha pedido no escribir en su nombre ni mencionarla ni hacerla pública. Puesto que todo es ella, escribir se ha incluido como una totalidad dentro de la prohibición. Pero describirla con otro nombre y no mencionar aspectos reconocibles acaba con la prohibición. Ella puede ser cualquiera. Esto tiene y no tiene importancia, porque la importancia es asunto de una relatividad total. En el fondo nada es importante, excepto el no dañar a los otros, cualquiera que sea su condición. El problema es que no dañar a uno daña a otro y el intercambio de daños y no daños puede convertirse en un laberinto de una complejidad impresionante. La única solución bajo el yugo del no daño como único elemento de importancia es el aislamiento. ¡El ermitaño del cual proviene el poder real según mi tarot medieval! Ese tarot siempre tiene la razón.

Sara había mencionado la existencia de un convenio con entidades protectoras. Cada vez que se hace una lectura de tarot, ellas aparecen acompañando el proceso. Yo nunca he estado seguro de que no exista una explicación inconsciente alternativa. Adjudicarle tanta sabiduría al inconsciente desconcierta, pero simultáneamente llena de esperanza.

Nos habían dicho a Katya y a mí que compartimos una posición similar de la luna negra. Inconsciente, luna negra o entidades, el caso es que el tarot nunca falla y a mí me ha recordado que el poder viene del aislamiento. Pero el aislamiento en existencia del deseo y del temor de ser sustituido por otro es impensable. Al final de cuentas, si todo se ha convertido en lo mismo, el aislamiento y el no aislamiento, la observación o la existencia pura no se distinguen más que como categorías mentales relativas. Con Katya no sucede eso; ella posee existencia real, única e insustituible. Mi deseo es existir ante ella pase lo que pase. Reciprocidad de reconocimiento o ferocidad y olvido…

El pensamiento fluye libremente en tanto no existan prohibiciones. La razón de tanta exageración es obvia para quien conoce las condiciones del espíritu y oscura para quien considera el mundo como real y absoluto. En este último, todo parece estar sometido a leyes y condicionamientos y la condición humana es semicadavérica. Es decir, ligada a una serie de ajustes encargados de mantener un estado de hipnosis colectiva que intenta no asustar historias personales. Parece contradictorio pero no lo es. En realidad, quien hace este juicio en mí pertenece al mismo mundo que critico porque, queriéndolo o no, pertenezco a él y no he sido capaz de sustraerme a su influencia. Lo que satisface es la honestidad total, porque en ella y por ella todo fluye hacia el misterio de una creatividad sin freno, y sin ella todo se ajusta intentando mantener un tema o mito principal que congela al espíritu, lo mantiene atado y aburrido y acaba por desesperar.

Cuando se logra trasponer el tema fundamental, lo que se creía ser se sacude y de pronto uno se encuentra viviendo en "ignorancia iluminada"; es decir, en la condición de ausencia de juicios y de renacimiento en la novedad total. Todo es primera vez y todos y cada uno existen sin pasado y sin encuadres.

Los encuadres producen seguridad y dan la ilusión de conocimiento, pero no son más que un sustituto de la verdadera sabiduría y esta no admite mantenerse fija más que por un breve instante a riesgo de convertirse en un filtro que evita "ver".

Cualquier flujo sostenido del presente se convierte en una técnica para lograr cierto objetivo y un alejamiento del mismo presente. Este, para ser auténtico, debe vivirse en destellos instantáneos, ni siquiera uno detrás del otro, sino cada uno completo e independiente. Así se logra sustraer la percepción de toda regla.

La Tierra es hermosa sobre todo cuando ya no interesa la libertad o mejor cuando se la puede disfrutar desde la no libertad y todas sus leyes ver como pinceladas hermosas de un cuadro que en la distancia ya no somete o aprisiona. La obsesión con el deseo de no estar encarcelado es la peor de las cárceles porque evita vivir la condición de ignorancia iluminada en sí, y esta requiere abandonar todo intento. La cuestión requiere de un equilibrio sublime en el cual lo único válido es el encuentro con la existencia pura.

Cuando no se vive en existencia pura, se resguarda una identidad limitada incapaz de resistir la ausencia de condiciones de sostén que ella misma ha creado para no salirse de cauce. Sin embargo, como la existencia pura implica el ser satisfecho con cualquier condición, es necesario asumir la realidad de algo que así se satisface, a menos que ese algo real se diluya en la misma condición independientemente de su carácter. Aquí surge y por necesidad la discusión acerca del Observador, su existencia o ausencia, su realidad o irrealidad. Pero no sigo porque he aprendido a no ofrecer resultantes finales, ya que no son comprendidas desde dentro y se les ingiere como si hubiera sido fácil llegar a ellas, o se les desecha porque si no provienen de la propia búsqueda, se convierten en productos mercantiles etiquetados, empaquetados y mostrados en vitrina. La compra se realiza con un valor numérico de una misma cualidad, pero el producto pertenece a lo innombrable. Representa un estado de conciencia, único e irremplazable. Como la luz para un ciego o el sonido para un sordo.

2

Descubrí el pensamiento de Katya; helo aquí:

Cientos de gentes rodeándome y yo en ningún lado. Bailan alrededor de mi piel y me tocan. Me aparto pero están arriba, abajo, a los lados y desean penetrarme. Me jalan y confunden. No sé quién soy ni qué hago aquí. El dolor es mi única referencia. Si me abandonara, desaparecería. ¡Para eso sirve mi dolor! Se lo diré a Pedro, aunque temo decírselo; ¡es tan infantil! De todo se pone celoso y tiene un miedo enorme a quedarse solo. Con este dolor, ¿quién puede pensar en celos? Es tan absurdo haberlo encontrado y volver a sentirme cuidando a un bebé. ¿Serán así todos los hombres?

Todos venimos de una mujer, nacimos de ella y de ella nos formamos. Por eso se convierten en unos chiquillos. ¡Qué ganas de encontrar un verdadero hombre! Fuerte, maduro, tierno y osado, y además rico, riquísimo y con todo el deseo de vivir y sin problemas sexuales y con un penc gigantesco... Pero Pedro no es mal hombre y también tiene un pene y bastante apetecible. Y luego todos estos problemas con el dinero. ¿Quién habrá inventado el dinero? Qué desgracia, pero qué rico tenerlo, se pueden hacer tantas cosas con él y vivir tan a gusto.

¿A dónde me iré y por qué veo tanta gente? Siempre me han molestado las multitudes, pero tenerlas dentro de mi cabeza es el colmo y mi padre, Dios mío, ¡mi padre! Ese sí que es un bebé, y pensar que le temía tanto. Pobrecito, es un pobre hombre que no sabe vivir ni disfrutar. Pedro dice que él tiene la culpa de todo, pero Pedro no sabe de las cosas del mundo, es tan ingenuo que a veces da risa. Pero es tan bueno y sensible y siempre un manantial de ideas. Lástima que no tenga dinero ni pueda resolver sus problemas con la mujer. A mí me tocó sufrir toda su problemática, ¡qué horror! Si no fuese porque me duermo como tronco en cualquier lugar, estaría perdida de remate. Soy tan frágil y enfermiza y nunca fui así. ¿Tendrá la culpa Pedro?

Él no deja de pensar un segundo. Siempre se va más allá de las palabras simples y espontáneas, y yo soy simple y espontánea, aunque él diga que no es cierto.

¡Cuántas ideas me ha metido en mi cabeza! Si fuese fuerte no me importaría, pero así como estoy es terrible. A veces no lo soporto y entonces tengo que tomar la delantera y hablar de mil cosas y entonces él no lo soporta. Según él, desea el silencio, pero su mente nunca para. En cambio, la mía…

¿A dónde me voy y quiénes son esas gentes que me quieren penetrar? Soy una bruja, eso ni dudarlo. Quizás me voy a la muerte y los que veo son fantasmas. Claro que Pedro gruñirá y dirá que es mi sombra, y yo me pondré furiosa y recordaré cosas que no quiero recordar, pero él las estimula y no lo soporto.

Todo deberla ser tan sencillo en la vida y, en cambio, esto es un infierno y mi cabeza un torbellino, y el dolor… el dolor que no me abandona jamás. No se lo deseo a nadie, pero es necesario vivirlo para comprender y Pedro no lo vive y no comprende… ¡Cuán egoístas pueden ser los hombres! ¡Es increíble!

En esta vida, la muerte está presente en cada instante. El cuerpo es frágil y quien se descuida es arremetido por ella como un fulgor que envuelve. El cerebro es frágil y temo a la invalidez. He buscado el amor en todo momento. No existe algo más grande y maravilloso y el verdadero sentido de la existencia es encontrarlo. Pero en él no tiene cabida la imperfección. Cualquier defecto asesina el amor.

3

A lo lejos se la ve… es una nube dorada matizada de estrellas. Cubre el pico de una montaña y su vibración es cálida y amorosa. Dan ganas de introducirse en ella porque habla de lo más sagrado. A la derecha desciende lentamente una flor. Es rosada con bordes rojizos y flota suavemente mientras la veo. Se escuchan risas de niños y una especie de suave vaivén de voces infantiles. Parece el mar acariciando la arena. En la atmósfera hay humedad y diminutas gotas de rocío impregnan las hojas de los árboles. La luz del sol produce transparencias en todo y el verde vegetal se filtra iluminando la tierra.

Huele a Katya. Su cuerpo desnudo reposa en el mío. Su espalda es magnífica, suave, cálida y adornada de pecas. Sus hombros redondeados se apoyan en la almohada y su respiración acompasada me llena de embeleso. Su cabello dorado se extiende como una flor y su suavidad me envuelve. Su cuerpo es de una sabiduría enorme en el amor. Por ello Osiris la obsesiona.

Estoy dentro de ella, entre sus muslos magníficos sintiendo el calor de sus entrañas. Antes de ella, el acto de amor era sexo concreto, pero la sensación actual es indistinguible del amor mismo. Es la Tierra con todo su misterio y maternal cariño. ¡Cuánto he aprendido!

Juntos desaparecemos y nos fundimos en un abandono que nos engrandece. Separados, los anillos del ego nos aprisionan.

4

Cada edad posee su propio punto de referencia. En la mía, el cuerpo me encuadra; sin él me dispersaría en pedazos. De hecho así me sucede y alcanzo a comprender que mi dispersión se relaciona con mi total desconocimiento acerca de la Tierra. Aprendí hace años a reconocer mi propio cuerpo observándolo milímetro a milímetro, pero perdí tal referencia al situarme en la identificación con el Observador. Ahora vuelvo al cuerpo porque soy un centauro y Katya me lo recuerda a cada instante.

También sé que es una decisión voluntaria y consciente. Cuando la comencé a vislumbrar me espanté terriblemente. Abandonaba el espíritu puro por una mujer, pero algo en mí me impidió retroceder. Yo también soy una criatura y necesito compañía. Sin ella me cerca la muerte, porque no me basto a mí mismo en mi vivencia en la Tierra. Por supuesto que al perder el cuerpo definitivamente no me dispersaré. Por lo menos así lo espero. Mi muerte sucederá en el tiempo preciso, ni antes ni después.

Para ese entonces habré aprendido lo necesario para mantenerme centrado sin necesidad de la frontera de mi piel.

Ahora bien, existen quienes consideran que el deseo de centro es un escape con respeto a la existencia pura; un simple deseo y una necesidad de control. No comprenden que existen técnicas para llegar y que estas se abandonan al llegar. Confunden la llegada con el medio para alcanzar la meta. La meta desaparece al tocarla y ese es mi principal problema. He llegado a tantas metas que ya no soy capaz de reconocer en dónde me encuentro. De pronto revivo un proceso y lo siento propio, pero mi propio lugar lo desconozco hasta que lo salto y lo vislumbro desde el siguiente paso.

También me critican por mi obsesión con el trabajo interno. Quien así lo hace no tiene la menor idea de su significado y valor. El problema es que como no acepto valorarme por el pasado, me desvían tales críticas. Me someto a ellas porque en el presente no existe historia y por lo tanto tampoco individualidad. Escribir acontece cuando se termina un ciclo. Es como la menstruación en la mujer.

Mi particular noción de la existencia es que esta pertenece al espacio. En ocasiones, tal consideración fenomenológica me ha llevado a pensar que sufro de una total carencia de seriedad. Ni me interesa el dinero, la fama, el orgullo o la dignidad. Todas estas cosas me parecen superfluas. Pero estando rodeado de seres humanos que no comprenden que cualquier valoración es incompatible con la verdadera vida y no sabiendo cuántas metas he logrado alcanzar, y por lo tanto desconociéndome desde fuera, me dejo perder entre los otros porque ellos manifiestan una seguridad a toda prueba. Todo esto es herencia de mi padre y producto de su incapacidad para vivir la vida de sus hijos como válida e importante.

He llegado a pensar que ya no necesito de la aprobación de los otros, pero es falso y me asusta en demasía. He llegado a pensar que no me incomoda ni le temo a la muerte, pero también es falso. He llegado a pensar que me conozco totalmente, pero también es falso.

5

Es tu turno de nuevo, Katya:

¡Un jardín y yo plantando rosales! ¿Por qué no puedo vivir descalza en la tierra, mojada de la lluvia y con las manos dentro de las raíces de las plantas? Cada vez la vida se vuelve más difícil, pero todo tiene su razón de ser y quejarse de lo que uno no tiene es ignorar lo que sí posee. El problema es sustraerse a la herencia y a la educación de los propios padres. Quien ha vivido lo que yo, no puede permanecer en gozo permanente. Tengo miles de heridas. Me he dejado manipular por todo el mundo. Me he sometido porque repito a mi padre en cada hombre que encuentro, en cada condición que vivo y en mi propio interior. Eso es lo peor de todo. Está ya dentro de mí y muchas veces me sorprendo haciendo lo mismo que en él odio. Hablo de enfermedades, me quejo de dolores y camino insatisfecha. Pobre Pedro, ¿cómo me ha soportado tanto? No sé si porque me quiere en verdad o porque se parece a mí. A veces pienso que no estoy a su nivel y eso me hace sentir inútil. El problema es que le ofrezco todo lo que puedo y él nunca parece estar satisfecho. Bueno, no nunca pero sí generalmente. Me sorprende la simultaneidad de su madurez y de su inmadurez. A veces lo oigo y me parece que Dios habla a través de su boca. Otras lo oigo y lo veo como un niño chiquito haciendo una rabieta. Me confunde su necesidad de mí y en el fondo sospecho que me abandonará en cualquier instante. Por eso no lo tomo tan en serio como él quisiera. Sé que me defiendo porque algo me dice que si me entrego, acabará conmigo.

Se queja de mi abandono, pero he sido totalmente sincera y por ello todo lo que hago es justificable. Por otro lado, lo mantengo en necesidad. He visto que da resultados, aunque también sé que no debo sobrepasarme. No sé si soy más fuerte que él o más débil. Solo sé que ya es tiempo de hacer lo que se me dé la gana. Si me quiere me tendrá que aceptar y si no, ¡peor para él! Yo tengo la fuerza y no estoy dispuesta a entregársela a nadie por más que se me pida. Bastante he sufrido para cometer otro error.

A fin de cuentas, los hombres se mueren demasiado rápido y la dejan a una con cargas espantosas. Pedro también morirá, pero yo estaré tan resguardada que no me afectará más de la cuenta. Claro que lo extrañaré; es divino y hace el amor como una delicia, pero no es el único hombre que existe en el mundo y además yo ya viví mi vida y jamás podré repetir lo que viví. Pedro se queja y la verdad es que tiene razón, pero tendrá que superar esa costumbre inútil y aceptar la realidad tal y como es. Nunca me volveré a someter ante nadie y si no le gusta a Pedro, ni modo.

¡Qué mala soy a veces! En realidad, sí lo quiero; es más, lo adoro, pero lejos e independiente. Claro que a veces cerca, estamos en la Tierra y yo soy una mujer, pero no demasiado cerca ni por mucho tiempo porque eso solo ocasiona problemas.

Lo más importante es asegurar que nunca falte dinero. El trabajo está en primer lugar.

6

De nuevo no vino. ¡La esperé seis horas y no vino!

Tiene mucho trabajo, dice, y lo que más desea es estar conmigo, pero no puede. El problema es que siento que voy a explotar por la frustración. La paciencia tiene un límite y yo estoy a punto de volverme loco. Me siento castrado y rodeado de impedimentos. Es peor que una cárcel porque está dentro de mí ahogándome en la impotencia. Me confunde terriblemente. Si me dijera que no me quiere o aceptara que soy una especie de juguete para ella, entonces saltaría de mi lugar y alcanzaría la libertad. Pero no me lo dice. Asegura que soy lo más importante para ella, pero me trata como una basura de segunda mano. Si comprendiera el amor que siento, las ganas de compartirlo todo, el deseo de solo estar en eso… pero no lo comprende. Solo se emociona cuando lo ve en una película, pero no cuando le sucede a ella. Es muy extraño y yo a punto de explotar. Mi mente me regaña, me dice que la deje, que busque una mujer menos complicada, más joven y sin tantas heridas. Pero no puedo dejarla y no sé por qué.

Es una diferente forma de valorar la vida. Para mí ella existe y la consecuencia de mi visión se manifiesta por el tiempo que le dedico. Para ella yo solo existo a medias y eso se manifiesta en la casi nula importancia que le da a estar conmigo. Todo es más importante que yo. Estaba enamorada pero ya no lo está. Cuando estaba enamorada solo existía el amor, y ahora el tiempo, el trabajo y el dinero ocupan el lugar de su corazón. Es como si tuviera un agujero en su alma. Nada se mantiene y todo pasa a su través como una válvula sin contenedor, un alma sin centro, un espíritu sin asidero. No existe más que la obligación y el orden. El sentimiento pasa a segundo plano.

En cambio para mí todo es corazón y no soporto vivir en la frialdad de las estructuras.

La realidad cambia dependiendo del pensamiento y la actitud. Los seres con los cuales interactuamos palpan la realidad que percibimos y se vuelven miembros de la misma. Muy pocos se dan cuenta de que, en ausencia de seres humanos, los juicios y las estructuras valorativas y los pensamientos desaparecerían del espacio, y el universo dejaría de existir como tal para transformarse en una extraña existencia. Pensamos que el hombre es parte cuando es contenedor. Sin definiciones y sin pensamiento humano, la realidad se transformaría totalmente. Si quedara un solo ser humano en el planeta, tendría que aprender a vivir transformaciones totales. Quizás no podría resistir ni sostener ninguna realidad. Seguramente la conocida se le esfumaría… El hombre es pues un creador activo, pero de ello es difícil darse cuenta. Lo mismo me sucede con Katya. Su forma de percibirme se me manifiesta en pensamientos que siento provenir de mí mismo cuando en realidad me convierto en una parte de su realidad. Es una ilusión de terribles consecuencias porque diluye mi ser en otro, y si este otro no posee responsabilidad ni centro, asesina mi autoconocimiento. Toda la culpa la tiene una ausencia de elementos en Tierra y un exceso de planetas retrógrados. ¡Qué terrible!

Dos seres humanos no deberían hacer el amor si no viven juntos. No se trata de un asunto moral o de costumbre, sino más bien energético.

7

La energía se rompe en el instante en el cual el Ser se ve traicionado. Suelta entonces a su protegido y lo deja a merced de los leones... Se desbordan las pasiones, se pierde el centro, se obstruye la mente y la conciencia se dispersa. Cada quien posee un protector que cuida y ennoblece, pero la decisión de mantenerlo o dejarlo depende de quien así lo merezca. Existen avisos pero sutiles. Todos los comprenden la primera vez, pero si no se les escucha, se pierden opacados por el ruido hasta que se olvidan. Así sucede en cada prueba.

El primer aviso, de ser escuchado, sirve como catapulta para la transformación. Así se avanza si se escucha. Si no se escucha o no se actúa en congruencia con lo escuchado, se retrocede y el tiempo se alarga. Cada criatura tiene las mismas oportunidades, pero el tiempo para alcanzarlas cambia dependiendo de la atención y la valentía.

Ahora que lo pienso, cuando se retrocede se olvida lo que antes existía como plataforma conquistada. Se regresa al inicio y cada escalón que se dejó y cada conquista se vive como nueva a pesar de que repite el pasado. Existe, sin embargo, una diferencia y es que lo de nuevo conquistado ya no se pierde. Antes fue ganado a medias, pero ahora cada paso tiene como alternativa la muerte y no se soporta la nada; por ello, desde el fondo se renueva lo revivido. Puesto que cada peldaño fue de la muerte rescatado, jamás a la muerte se retorna en ese trayecto del pasado. La muerte aguarda a cada paso, porque si el paso no es atravesado, allí ataca y en esa muerte se queda. Por ello, quien afirma que solo existe una muerte está equivocado. Miles de muertes esperan atacar a su presa y por ello las repeticiones son solo de temas secundarios. O quizás cada repetición ahonda hasta que la última ya no es sobrepasada. Allí queda herido de muerte.

Es una espiral que penetra en la Tierra y cada vuelta acerca a un núcleo candente todo inflamado. Quien ese núcleo toca es incinerado y sin escapatoria allí perece. Por eso también se defiende uno cada vez que se prevé que la siguiente espiral tocará fondo. Tocar fondo es tocarse a uno en el lugar que no puede ser comprendido ni observado. Tocarse a uno es llegar al mito sin sobrepasarlo. Allí, cerca del núcleo, la muerte aguarda, y quien la vence ya no perece. Habrá ganado la vida eterna en ese peldaño. Así como hay muertes, hay vidas; no una, sino muchas. Cada muerte conquistada es vida eterna ganada. Como cáscaras de cebolla, como cortinajes semitransparentes, cada uno a un peldaño consagrado. Se dejan hijos en cada vuelta transitada. Sobreviven y continúan independientes y vivos su trayecto. Son nuestros descendientes, los que hemos dejado al pasar de peldaño en peldaño, de nivel en nivel, de vuelta de espiral en vuelta de espiral. Si nace un hijo con la mujer amada, pertenecerá al peldaño recién parido y lo llevará toda la vida a cuestas. Repetirá su tema hasta el hastío y cada repetición parirá un nieto hasta que, en la principal, el nieto etéreo recién nacido adquirirá carne y se paseará por el mundo tan lanzador de hijos como su abuelo de cuyo mito proviene.

El avance en cada generación es lento pero seguro porque cada una de las muertes dejadas atrás y las vidas paridas construyen nuevas vueltas de espiral. Así se tejen las redes del enrejado. De allí surge la celosía dentro de la cual cada quien vive y de la que la experiencia se alimenta.

Creemos estar solos y aislados, y no nos percatamos de que la red nos cubre y penetra, nos hace sentir lo que sentimos y vivir lo que experimentamos. Creemos ser muchos y aislados cuando somos Uno y confundidos. Por ello, el último hombre del planeta se enfrentará al vacío y tendrá que soportarse a sí mismo reviviendo el único tema que sobreviva.

Dos formas hay de ver el mundo. En una los objetos son reales y absolutos y existen por sí mismos. El mundo te rodea y tú estás en medio trasladándote de lugar en lugar. En la otra, tú te colocas en una plataforma elevada y lo que aparece surge de ti mismo. Nada es real excepto tú.

8

¡Habla de nuevo!, Katya de mi corazón:

Tu existencia es como esa pared de granito. Tus emociones son tan reales como la tierra que piso. Aquí el ego es necesario y toda teoría sale sobrando. O te engullen o tú lo haces y la vida es difícil y cuesta trabajo. Si escapas con teorías, acabarás desapareciendo.

Lo real es a cada instante manifestado y más vale vivir en el presente sin deseos ni comparaciones. Es como una ausencia de mente y una presencia total de la conciencia del Ser. Es existencia pura sin pensamientos. Es ni siquiera teorizar acerca del Ser. Lo llevamos dentro siempre y su contacto es natural y espontáneo o no es verdadero.

No hay cabida para proyectos ni comparaciones. No hay lugar para el pasado o el futuro. Es total presencia y absoluto recuerdo de la realidad. Lo que ofrece la vida es lo que Dios da. La ignorancia se manifiesta en desconfianza. Ni siquiera la fe ayuda porque no existe porvenir. Es todo ahora. Ningún reglamento es aceptable, ningún orden establecido es real. Todo acontece como debe ser y, sin embargo, cuánta resistencia tienes para disfrutarlo así. Me pregunto si realmente estás insatisfecho o si solo sufres por deseos vanos. Eres tú el que no es halagado con la diosa de la satisfacción plena o el hombre ya no está dispuesto, por un malfuncionamiento energético, a luchar en esa dirección. Tengo la esperanza de que eres tú. En verdad no puedo culpar a nadie excepto a ti mismo.

9

La culpa de mi enojo es este jardín sediento. Desea agua, la exige, provoca viento con la esperanza de atraer nubes, pero solo crea polvo y eso debe provocarle una frustración espantosa. Debo aceptar la existencia de la Tierra como ser. Posee inclinaciones, deseos y orgullo. Se enfurece cuando sus peticiones no son oídas, se sacude en convulsiones telúricas cuando los que la habitan la exasperan con sus rabietas.

Posee vida propia y la comunica. O uno se conecta con ella y la vive en conciencia y corazón como existente y real, o de todas maneras uno se ve sometido a su influjo pero lo malinterpreta. Es igual que con el cuerpo o la mente; ¿qué son sino las enfermedades o los sufrimientos psíquicos? Uno reprime los mensajes y estos se somatizan, uno no escucha a su propia conciencia y la consecuencia es el vacío interno. Lo mismo sucede con la mujer y el hombre:

o se entregan íntegramente el uno con el otro y conviven y comprenden sus mutuas influencias, trabajan con ellas y se cuidan el uno al otro, o se dislocan al no saber de dónde proviene lo que sienten. Lo peor es cuando existe un desfasamiento. El hombre se entrega y la mujer no o viceversa. Es igual que cuando la Tierra se ignora por el hombre sin entender que ella lo sostiene y siempre está presente. Uno sufre a costa del otro. Me temo que eso es lo que me sucede con Katya. Todos sus mensajes son de independencia y los míos de involucramiento. Su inconsciente me engloba y ella no toma responsabilidad de ello ni lo percibe ni lo experimenta.

Riego el jardín y percibo su agradecimiento. Cada cosa posee su propia naturaleza y ella es totalmente respetable. El hombre tiene un molde y este constituye su tema principal. Lo humano tiene como meta llegar a lo humano.

Nada es más satisfactorio para el hombre que llegar a sí mismo. Quién no se satisface con ello y lo quiere trasponer termina con la oportunidad de gozarse a sí mismo, de disfrutar su legado y herencia.

10

La mente es el filtro de la vigilia. Deambulo lleno de remordimientos, dolores y penas. Me asalta el miedo y luego los celos. Extraño a Katya y todo me provoca soledad. Esa es mi conciencia cotidiana igual a la de tantos hombres y mujeres.

De pronto recuerdo que puedo observar mis temores, atestiguar los celos y ver el dolor desde un lugar que está más allá de todos ellos y más cerca de mí mismo. Doy un salto y me salgo de la prisión de mi mente; la observo desde fuera de las rejas y me regocijo. Aumenta mi libertad y retorna la esperanza. Estoy en la conciencia de sí, en el recordarme, en el lugar en el cual estoy yo en realidad. Continúo observando y añado el mundo en el acto de atestiguar. Observo mi cuerpo, mi mente y el entorno y de pronto doy otro salto y desaparece el mundo y yo como entidades separadas. Todo es Uno y yo soy eso. Alcanzo la conciencia de Unidad.

Comprendo que existen tres diferentes niveles de la conciencia. El primero es el de la mente y sus cárceles. El segundo es el sí mismo y se activa cuando observo al primero. El tercero es la conciencia de Unidad y aparece cuando mantengo la observación por un largo periodo e incorporo nuevos contenidos al acto de atestiguar. Me doy cuenta de que la India había ya descrito el proceso en el *Yoga Sutras de Patanjali* llamándolo *samyama* y utilizándolo para obtener un conocimiento directo de cualquier objeto, evento u organismo.

Samyama también posee tres niveles. Supongamos que quiero conocer una flor. El primer paso de samyama es observarla.

Allí todavía existe una flor separada de mí, quien la ve a través del filtro de mi mente. Si estoy triste, la flor aparecerá ante mis ojos con tristeza; si melancólico, melancólica; si alegre, feliz. El siguiente paso de samyama es mantener la observación. Al hacerlo poco a poco me fundo en la flor. Empiezo a conocerla desde adentro y si mantengo la observación acabo fundiéndome en conciencia de Unidad con la flor. Ya no es la flor separada de mí, sino la flor y yo unidos.

No comprendo lógicamente a la flor sino que la siento en su experiencia como la mía propia.

11

No acepté necesitar. Dejé de desear compañera, dinero, éxito y amistades. Estaba fuera del mundo. Me salté una etapa. No pasé a través de ella sino sobre ella.

Me bastaba estar conmigo mismo. Luego me di cuenta de que a mí sí me necesitaban y que mi forma de ser hacía daño. Decidí no hacer daño cuando apareció Katya. De tanto no hacer daño la empecé a necesitar.

Ella, sin embargo, dejó de hacerlo. Ahora todo es sufrimiento porque ya estoy en el mundo y no puedo salirme de él. Odio a Katya por haberme hecho esto. Ella tiene un hueco en su corazón y en su alma, y por allí transita lo que le doy. Nada guarda. Es un barril sin fondo y en él he depositado mis mejores sentimientos e ideas creyendo que fructificarán, pero no lo hacen. Pasan a su través y no dejan huella.

Quiero una pareja y no un barril sin fondo, una mujer con entrega y no una querida aventurera de emociones y sin centro.

Odio a Katya y sin embargo la necesito. No soporto estar lejos de ella y ella hace todo lo posible para no verme. Katya es un monstruo. Se merece un sufrimiento igual al que me provoca. Odio a Katya y sin embargo la adoro.

12

¡Habla otra vez, Katya!:

Es un peso enorme el que cargo. Tengo que atender a mis hijos, educarlos, hacer dinero, cocinar, lavar ropa y todavía cargar con Pedro y sus necesidades de compañía. No quiero hacerle daño, pero no tengo tiempo para él.

Mucho tiempo viví sometida y con temor de no bastarme a mí misma y ahora tengo que demostrarle a todo el mundo que puedo ser autosuficiente. Lo siento por Pedro porque lo quiero, pero soy más importante yo y me debo amar más a mí misma que a cualquiera. Ojalá me dejara en paz con sus exigencias, que aceptara verme solo cuando yo lo decido y en mi tiempo y mientras ¡que me espere!, que se mantenga fiel y unido a mí porque lo necesito. Cuando me siento mal, él me comprende y me reconforta. Debería bastarle eso y no exigirme más de lo que puedo ofrecer. El amor vendrá a su tiempo. Hay quienes lo encuentran a los setenta años y yo todavía tengo muchos años por delante. Por ahora, lo importante es el éxito, el trabajo y el dinero. Necesito tranquilidad económica y demostrarle a quien me tenía sometida y temblorosa que puedo salir adelante por mí misma y ser tan rica o más que él. Entiendo que Pedro está en la realidad del amor, pero por ahora no hay tiempo para eso. Debo ser práctica y realista y la Tierra por delante.

El único problema es que temo que Pedro no aguante y se vaya con otra, pero he aprendido a controlarlo como yo quiero y el pobre ni se da cuenta.

Soy más fuerte que él y lo que cuenta es mantenerlo en incertidumbre. La confusión es la mejor de las armas. Si logro vencer su claridad y conectarlo con sus carencias, lo tendré para mí cuando lo desee y como yo lo desee. He sufrido demasiado para sufrir más y ya nunca más por otro hombre.

Lo siento por él porque lo quiero, pero yo me estoy aprendiendo a querer más que a nadie y esto me lo enseñó él mismo. Siempre insistió en la necesidad de que fuera yo misma y no me dejara someter por nadie y aprendí bien la lección.

Lo mejor es el sexo. Allí es donde lo ato y allí es donde lo tengo. Gané la batalla y ahora me relajo y disfruto de mi triunfo. Lo que gané es el control, lo que obtuve es la libertad ante el hombre al situarme por arriba de él, con su pene penetrándome, eso sí, ¡qué rico!, pero yo arriba controlando y él abajo pasivo y sonriente mientras yo disfruto. Soy así, fría y calculadora y nada hago sin antes planearlo. Mi nombre fue mancillado y ahora recupero mi poder. Nada es más importante, ninguna otra cosa queda, ni nada se recuerda excepto el nombre de uno.

13

Soñé contigo de nuevo. Eras la magia total y cada una de tus palabras contenía la verdad proveniente de lo más profundo y sagrado. Estábamos sentados junto a una mesa y tú me hablabas.

Me decías lo que vendrá y lo que fue. Me dabas ánimos para continuar. Venían gentes oscuras y con la confianza de tus palabras yo las hacía sentir, les tocaba el corazón y toda su violencia se transformaba en bondad y ternura. Tú me veías y me felicitabas. Lo importante es el corazón y el amor. El dinero es metal, es un hueco vacío y su camino lleva a la nada.

Me desperté pensando en Katya. Ella es fría y calculadora y le interesa más el dinero que el amor; el poder más que la ternura, el éxito más que la humildad.

Ya me lo habías advertido y yo no te escuché, y ahora pago las consecuencias de mi sordera. Estoy aprendiendo a comprender que existen seres sin corazón. Dicen poseerlo y se vanaglorian de él, pero sus actos muestran todo lo contrario. Se emocionan ante las monedas y son capaces de sacrificarlo todo por ellas.

Cuando esto se da en una mujer da pena. Se convierte en una prostituta de la vida. Así es Katya y yo debería haberlo visto antes, pero mi amor me cegó.

Eso es lo que me dijiste en mi sueño, pero no puedo recordar tus palabras. Solo rememoro la sensación de haber estado contigo, un verdadero ser humano, una mujer real y no una impostora sin centro como Katya.

Tendrá que llegar el momento en el que mi vergüenza sea mayor que mi deseo, mi dignidad más poderosa que mi soledad y allí se romperá el hechizo que me ata, la prisión que me encarcela y volveré a ser libre para ser yo mismo conmigo sin deseos de compañía, sin añoranza por lo que puede ser pero no es.

"¡Por sus palabras los conoceréis!", dijo mi maestro y es cierto. Se puede hablar, pero si los actos no coinciden con las palabras, valen más los actos porque en ellos está la verdad. Katya dice amar, pero el dinero le interesa más que el corazón. Algún día lo comprenderé en todo mi ser y allí surgirá el desprecio. Por ahora todavía no lo puedo creer. No es posible que una mujer sea tan seca, tan mental y fría, tan desoladoramente concreta. No lo puedo creer porque, si lo llego a creer, tendré que aceptar que el ser humano puede existir en esa condición y eso acabaría con mi inocencia. La verdad es que es absurdo tanto interés en los otros, pero solo se comprende lo que me sucede si se conoce la Unidad. Quien vive en ella sabe que los otros y uno mismo existen en identidad. Por ello, aceptar la prostitución en los otros es convertirse en ellos y eso es terrible.

14

Reconozco en ti mi propio corazón, Katya de mi vida. Sé que en las profundidades de tu alma existe toda la ternura de lo femenino y que únicamente pruebas la independencia porque necesitas conquistarla. Solo se gana lo que se atraviesa, nunca lo que se salta. El ego se transforma en Ser solamente si el ego se ha vivido y después transformado. Los saltos actúan como búmeran. Cree uno estar allí definitivamente, pero más tarde o más temprano se retorna. En cambio, si se atraviesa no se regresa; lo mismo sucederá contigo. Cuando conquistes tu independencia, podrás entregarte sin sentir que te pierdes. En cambio, si saltas hacia la entrega sin antes haber ganado tu ser, sentirás que te desperdicias, que te sometes, que te violan. Esta es la ley y si san Pedro lo hubiese escrito, un sacerdote en la misa diría:

"Es palabra de Dios". Por ello te espero, pero mientras tanto debo ser libre.

Probé la no necesidad por huir del sufrimiento que implicaría necesitar. Aprendí a no necesitar antes de necesitar y por ello retorné a la necesidad sin haberla trascendido. Descubrí que uno no se libera si antes no se ha atado. La libertad debe ser conquistada…

Dejaré salir libremente todo lo que siento. Debo convertirme en poemas y cantar con ellos mi dicha y mi dolor, mi esperanza y mi muerte, mi amor y mi miedo, mi sexo y mi enojo, mi abandono y mi espíritu.

15

El viento limpia de impurezas la atmósfera. Todo se purifica y al pasar a través de todos los cuerpos los comunica y une en un abrazo áureo de una transparencia perfecta. Es como un…

ACTO DE AMOR

Flores en pezones alumbrados
breves que al roce del amado
emergen de un letargo pausado
ansiedad contenida alargando su tamaño,
rojizos capullos
anhelantes del futuro acto.

Vientre tierno y redondeado
suave y delicado cuyo centro

botón arrancado
se estremece al sentir
la humedad candente
del ofidio tembloroso
que en él juega osado.

Talle en escultura,
columna lineal y preciosa
que se ensancha sinuosa
femenino poder
en visión asombrosa.

Muslos fuertes y rosados
de pecas adornados
terminando en un bosque
misterioso, oscuro y milenario
que esconde un manjar delicioso
jugoso encierro
que abre sus puertas perfumadas
solo cuando el resto
confiado
ha sido conquistado.

Entrar en tal ofrenda
profunda y resguardada
caliente y amorosa
confundiendo lo penetrado
con lo que la penetra.

Voluptuosa danza
chupando el fuego almacenado

hasta que en telúrica erupción
volcán al rojo vivo
dos seres en placer desmedido
se vuelven Uno.

Ríos de cremosa lava
promesa de vida
refrescantes bañan
el misterio develado
lo que toda materia esconde
lo que celoso aguarda
lo que al Todo anima.

16

Dos años viví encerrado, contenido… Era un cuarto todo blanco solo con un cojín amueblado. Me sentaba en él y me iba en meditación asombrosa, perdido entre las nubes, necesitando nada. Luego, si una emoción venía, la observaba, seguía su sinuoso camino y enfocaba su destino. Cuando algo me sobresaltaba lo comparaba con los sucesos que una radio de onda corta me entregaba.

Un terremoto en Albania y mi espalda hería. Una matanza en Beirut y me confundía. Oía después de la herida y tras la confusión, y así comprendía que mi cuerpo se expandía. Todo me llegaba y todo lo sentía y en Unidad me balanceaba.

Solo lo lograba cuando en silencio interno me mantenía. Cuando mi razón hablaba aquello se apagaba.

Una conclusión sobresalía:

EL VEJESTORIO INÚTIL DE LA RAZÓN

En el despego del mundo
este se goza,
como si por primera vez se
viviese.

Tal y como desde el silencio
su canto armonioso
la palabra ofrece.

Es desde el primordial vacío
que el color y la forma
aparecen.

En "aquello",
todo ofrece
enseñanza plena,
puesto que allí se comprende
que la creación es propia.

La razón no lo comprende
¿pero quién es ella?
vieja y desgastada sopa
sobras de otros tiempos.

Vejestorio inútil
que ya nada ofrece.
Ahora, el compromiso
es entenderlo todo

desde el silencio
que en el interior resplandece.

17

La sensibilidad conquistada tiene su precio. Puedo seguir a Katya en la distancia. Reconozco sus humores y las alteraciones de sus emociones. Sé cuando el placer la invade y ante quien, desarmada, es seducida. Luego sigo con atención su culpa y el engaño que me ofrece. Dejo de confiar en ella y mi mente enloquece.

Busco una salida, en quién confiar plenamente, y encuentro lo mismo que santa Teresa:

¡SOLO DIOS BASTA!

… dijo Santa Teresa
pero del Dios
al que hacía referencia
todos vivimos
de distinta manera.

Es ÉL quien
en el corazón florece
del par de enamorados
y a ellos comunica
en insoportable medida.

Es ÉL quien ilumina
la mente

18

No me queda más remedio que observar porque mi mente herida por la confusión no puede dejar de sentir la traición. Caigo en tristeza y me reclamo por la "ganancia" absurda de mis dos años de reclusión. Desperté un nuevo sentido, una novedosa percepción. Como un ciego de nacimiento por cataratas quien al ser operado se enfrenta a un mundo desconocido y aterrador. Algunos deciden cerrar los ojos para no ver, pero yo no poseo párpados para evitar la entrada de

lo que siento. Me penetra sin mi consentimiento. Tendré
que aprender, tendré que hallar…

AL VENCEDOR DE LA TRISTEZA

*La tristeza
es un círculo vacío.*

*Al estrechar su medida
en bajada estancada
encuentra la ola oscura
de sulfuro estampada.*

*Los rizos de un mar rojizo-
azulado
la tiñen de espanto.*

*Pero es fácilmente vencida.
Basta aceptarla sin medida.
Llegar al fondo de su alzada
sin temor, con osadía.*

*Allí se transforma
al ser observada.*

19

El observar transforma cuando su uso no es por huida y
cuando se acompaña de aceptación y entendimiento. Siempre es un salto, pero se retorna cuando no se corrige aquello

que impedía alcanzar la luz. Yo reconozco en mí tres oscuridades:

Tres oscuridades conoce mi alma.
Una real, otra bienvenida;
la última… penosa.

La real por violarme sobreviene.

Se apaga mi intelecto,
mi mente se seca
y yo me diluyo en la NADA
por no escucharme.

La bienvenida es interfase
y la penosa por los otros
aparece.

La interfase es el lapso de NADA
que en la escala "grande"
entre dos peldaños aparece.

Ni lo de antes satisface
ni lo por venir se conoce
mas se observa
se reconoce que es oscuridad
ganada,
no por infidelidad provocada.

Más tarde, el nuevo peldaño se
pisa

y la oscuridad previa
se agradece,
fue bienvenida catapulta.

La que por los otros sobreviene
es penosa.
Sexo atrás por no deseo,
sin apegos
ni dinero
sin motivación de logro.

Solo siendo
sin necesidad de externos,
por los otros es visto
como oscuridad malsana
traicionera al modo usual de
vida.

Si los otros por poderes
sugestiones o temores
convencen;
la penosa en violación se
convierte.

Pero también hay una cuarta
cuando ya NADA se reconoce
y en Ignorancia Iluminada
TODO en nuevo se convierte.

("En la noche dichosa
en secreto que nadie me veía

*ni yo miraba cosa,
sin otra luz y guía,
sino en la que en el corazón
ardía…").* [1]

*("Después de que me he
puesto en* NADA, NADA *me falta.*

El que NADA *quiere,* TODO
lo tiene"). [2]

*La oscuridad bienvenida
tiene una salida
cuando es observada.*

*La penosa se desvía
al compadecerse el alma
por quienes la provocan.*

*La real es aviso
por el misterio enviada.*

*¡Ay de aquel que no la escuche!;
pierde en ello* TODO.

*La cuarta es forma de vida
de aquel que como yo
busca a* DIOS *en* TODO.

------

[1] San Juan de la Cruz.
[2] *Idem.*

20

De pronto puedo dejar de juzgar a Katya y la veo con una nueva luz. Me percato de que lo que juzgo proviene del pasado y me relajo. Acepto que no percibo más que lo que filtro y si veo a través de mí mismo solo veo lo que deseo ver. A Katya la he juzgado porque la veo a través de mis propios temores por mi historia legados. Ella se encuentra en un camino que solamente a ella le pertenece.

La necesito porque es la dueña de la Tierra al igual que cualquier mujer porque ese es el destino de lo femenino; aliviar la Tierra y fecundarla. Sin ella no existe Tierra. Con ella surge el deseo y la necesidad de recibir en la misma medida en la que doy. Caigo en pecado al sustraerme al Observador y dejar de tener acceso a la Unidad. Ella parece no necesitarme y en lugar de ver en ello ejemplo me lleno de pasión y coraje por no ser reconocido.

"¡Existo!", le grito desde dentro, pero ella no se entera, y si lo hace lo deja transitar por el hueco que tantas heridas le han abierto y lo deposita en saco vacío, en desagüe que desemboca en el mar de lo incierto.

Le escribo un poema de amor con la esperanza de que en algún lugar de su mente quede inscrito:

¿Cómo decir sin modestia
lo que más deseo?

¡Que la luz de mi conciencia
ilumine tu camino!

Que al aceptar mi amor
te entregues sin medida.

Que de mi corazón activado
alimentes tu alma.

Que nunca me abandones
al reconocer que tu vida
sin la mía
es hoguera fría de leños
apagados
sin dirección ni alegría.

Pero todo es en vano; mientras más me aleja de mí, más felicidad y alegría manifiesta.

21

¡Habla por última vez, Katya!

Al principio, me enamoré totalmente de Pedro.

Nada era más importante y valioso que estar a su lado, oírlo, sentirlo, tocarlo… acompañarlo. Dejé a mis hijos, me olvidé del dinero y de la realidad. Solo lo veía a él y nada más existía.

Ahora es distinto. Lo quiero pero el mundo ha adquirido realidad y otros hombres también. Me he liberado de mi pasión. Sé que él lo intuye y me pregunta por mi amor. No le miento, le digo la verdad aunque no toda; lo quiero pero no me atrevo a reconocer que ya no lo amo. Existe una diferencia enorme, pero me cuido de confesárselo. Temo que lo perdería para siempre y eso no lo soporto.

El amor es ciego; una se da entera sin condiciones. Es un fuego que abrasa el corazón y el alma y ante él no es posible anteponer ni pensamiento ni defensa alguna. El querer es más sensato. Permite continuar la vida sin perderse. Puedo trabajar, planear, cuidar a mis hijos, darme espacio y distancia.

Además el querer es compartido. Claro que esto no se lo digo. Le hago creer que él es el único. Le digo que necesito espacio, pero no le menciono otra cosa. No lo entendería. No lo he traicionado ni lo he abandonado. Simplemente hago mi vida y lo sigo queriendo. Cuando le ofrecí mi amor y me entregué completa, él me rechazó. No lo apreció ni lo entendió.

¿Por qué entonces no hacer yo lo mismo? Claro que no es venganza, es simplemente mi naturaleza. ¡Así soy yo!

22

Cuando te conocí, estabas destruida y enferma. Alguien te había confundido y te perdiste engullida por su manejo. Te dio seguridad económica pero te destruyó el alma.

Así te entregaste a mí. Tu cuerpo irradiaba angustia y tu mente confusión. Tu energía era insoportable, pero decidí curarte y protegerte. Te enseñé quién eras, te recordé a reconocerte valiosa, te ofrecí todo mi conocimiento y poco a poco sanaste.

Me volví responsable de ti y te empecé a amar. Me entregué a ti y deseé vivir contigo y tú me excluiste de tu vida cuando dejaste de necesitarme. Ahora todo se ha invertido. Me fui más allá de mis límites hasta perder mi dignidad. Un día me quieres y al siguiente te olvidas de mí y yo siempre estoy a tu lado, esperándote, pidiéndote amor.

Ahora ya no sé quién soy porque tu incertidumbre me ha penetrado y se ha posesionado de mi mente. De pronto recupero la razón y me percato de mi valor, pero algo en mí teme no ser autosuficiente y coloca en ti, vitalmente, mi existencia. Tú decides si valgo o no valgo, si soy digno o despreciable, si importante o mediocre. Pero en ti nada es estable y por ello oscilo entre tu recuerdo y tu olvido, tu apreciación y tu desprecio.

Sin embargo te quiero. Eres absolutamente real y verdadera y luchas por tu integridad como nadie. Eres como las aves o los peces. Habitas la Tierra y eres su criatura predilecta.

23

Me despierto a las cuatro de la mañana, súbitamente y sin ruido alguno. Algo me inquieta y como ya penetro al futuro, intuyo que la causa de mi zozobra proviene de un suceso por venir.

Me siento en flor de loto y medito. Observo mis pensamientos y mis sensaciones corporales hasta que llego a mí mismo. Me acuesto y me mantengo despierto. Siento la casa y los murmullos de la madrugada. Simultáneamente sueño. Estoy en la vigilia y en el ensueño al mismo tiempo. No controlo contenidos, simplemente los dejo pasar a través de mí y comienzan a aparecer escenas y personajes desconocidos. Me vuelvo a percatar de que estoy despierto y simultáneamente dormido.

Por fin solo queda el sueño. Visito una casa parecida a la mía, pero con algunas diferencias que me parecen extrañas.

No encuentro mi radio y en su lugar aparece un aparato extraño. En medio del sueño decido despertar. Abro los ojos y me levanto de la cama. Voy a la cocina y los muebles no coinciden con los usuales. Recorro la sala y allí sucede otro tanto. Me percato de que desperté dentro de mi sueño en otro sueño. Decido despertar de nuevo. Abro los ojos y por fin reconozco mi casa. Me levanto de la cama y me siento en la silla del comedor. Volteo a ver las cortinas y las encuentro distintas a las mías. Me aterrorizo. Estoy dentro de un segundo despertar en el interior de un sueño. La sensación comienza a ser insoportable. ¡No encuentro el mundo de la vigilia!, y lo prefiero mil veces más que estos lugares extraños que no son míos, que no reconozco y que no tienen continuidad. Deseo la familiaridad de la vigilia y el único procedimiento que conozco para encontrarla, abrir los ojos, no me resulta.

Lo intento de nuevo y aparece otra casa diferente a la mía repleta de gente que no me es familiar. Ni siquiera me da gusto estar consciente dentro de mi sueño. Antes añoraba la vivencia de un sueño lúcido, pero es más agradable en teoría que este espantoso laberinto de despertares insólitos en lugares extraños. Me doy cuenta de que estoy a punto de perderme definitivamente en la locura y lucho desesperadamente por despertar al mundo real. Abro los ojos y por fin lo encuentro, ya no tengo dudas. Me levanto de la cama y me preparo un chocolate. Agradezco estar de vuelta y se me ocurre que lo que acabo de vivir es lo que los muertos recientes deben experimentar.

Sé que es cierto y comprendo la necesidad de prepararme mejor para trasponer mi propia muerte. Pienso que si hubiera sido capaz de recordar al Observador mis sueños lúcidos se hubiesen transformado en el paraíso. Me recrimino por mi falta de preparación y le hablo a Katya y le cuento todo. Ella me comprende y su voz me acaricia con la realidad de la Tierra. Agradezco a Dios el tenerla conmigo.

24

Katya me visita en la noche. Me habla y me percato de que la alcanzo a ver desde fuera. Está encantada con la vida y sus logros y sus ojos brillan de contento y felicidad. Me olvido de todos mis juicios y únicamente la quiero. Deseo apoyarla y me regocijo con ella y la felicito por todo lo que hace. Igual que mis cinco despertares en el mismo sueño ahora que la escucho, conviven en mí cinco diálogos. En uno la escucho, en el siguiente analizo su estado y lo catalogo como eufórico.

En el tercero pienso en una contestación que no le estimule el ego, pero que al mismo tiempo la ayude en su camino. En el cuarto juzgo si su estado de conciencia y sus valores son iguales a los míos. En el quinto siento mi cuerpo y encuentro un deseo de silencio y caricias. ¿Ella hará lo mismo que yo?

¿Cuántas Katyas coexisten durante su monólogo?

Sé que ella también se preocupa por ayudarme y está al pendiente de cualquier señal de autodevaluación o de juicio de mi parte y los corrige.

Katya habla de su estado y su amor por la vida. Menciona a Dios y me incluye en un "nosotros creemos en él dentro de un misticismo especial". Nunca antes se había referido a los dos con un "nosotros". La amo y siento que por fin sucede lo que siempre he deseado. Recuerdo un poema que le dediqué a otra mujer deseando que fuera Katya. Siento que ahora ya es de ella, puesto que también ha logrado incorporar.

El Dios vivo, dentro

En olvido del Dios vivo
viajé al monte Carmelo.

En primoroso cuerpo
virgo ascendente escorpio
de cabello encendido
dibujaba el sentido
junto a una mantis religiosa.

Pregúntele por su búsqueda
con tanta seriedad
entregada.

Soy conversa
busco a Dios dentro
y lo encuentro.

Supe entonces
que era en ella
lo que tanto deseaba.

Es aquello que en su encuentro
nada pide todo da
no condiciona su dulzura
todo tierno basta y sobra.

No se gasta
no depende
siempre está.

¿Y tú, qué buscas?
preguntome con voz dulce.
Lo mismo que tú encuentras;
¡el Dios vivo dentro!

25

Mi misión en esta vida no es visible, ¡mi verdadera misión!

Me doy cuenta de que al necesitar "limpieza", el viento sopla; que al conectarme con mi centro, todos se conectan; que al descubrirme, todos se descubren. Soy en todos y todos están en mí. Mi misión en esta vida es alcanzar la felicidad, puesto que en ella todos la alcanzamos. Todo lo que necesito lo desconozco como merecido, y por ello confundo lo que soy con lo que no merezco. Lo que más anhelo es la paz interna porque allí cumplo y, sin embargo, me percato de que de ella me alejo. Mis acciones se supeditan a los otros y a ellos no soporto. Manténgome en una plataforma elevada desde la cual observo.

Mi bien amada esto ha estimulado al dejarme tan abandonado porque sin querer ha provocado una…

Se rebela su alma
al encontrar en otros
engaños voluntarios.

Protesta porque los otros
son distintos,
¡ella tan entregada!

Pero con su amado
quien a ella
se ha entregado
en los otros se convierte.

Sufre por no ser comprendida
pero ella no comprende
que recibe lo que ofrece.

Se escandaliza al vislumbrar
el daño que
a los bien amados
las otras otorgan
y no ve las heridas
que produce
a quien a ella
se ha dado.

Triste inmaculada
que de los otros
se queja

sin entender
la muerte que produce
en quien de ella
se ha enamorado.

Pero ella no tiene culpa alguna. Fue sometida desde su nacimiento, confundida con dobles mensajes, alejada de su centro. Se convirtió en una...

Mujer mediocre

Pobre de la mujer devaluada
quien por no reconocer
su valía, perece.

En cruel ser se convierte
al no valorar el amor
que se le ofrece.

Pobre del hombre quien
a tal ente se ofrece.

Devorado termina
herido de muerte
siempre esperando
siempre perdiendo
su inocencia.

La sombra

Quien no acepta lo propio
poco a poco en externo
lo convierte.

Pronto, sombra inmensa
ha creado
perdiendo con ello todo.

Culpables busca en los otros
castrando su vivencia.

Quiere ser perfecto
y así en mediocre
se convierte.

Me transformo a cada instante. De pronto siento la cercanía de mi sombra y en ella me convierto. La observo y regreso a mí y nada puede definirme. Luego recuerdo mi cuerpo y lo recorro. Se vuelve mi referencia más estable y a él apelo cuando, por huir, floto.

Más tarde, de un salto me aproximo al mismo espacio que habito, y en él me convierto. Allí todo siento porque en él no existe distancia ni tiempo. Siento lo que en mi cuerpo es lejano como inmediato y todo toco haciéndolo mío.

Cuando te recuerdo en amor, Katya mía, un poema rememoro.

Mujer

Seriedad total en cada frase
lenguaje intenso
porque la frontera roza
del entendimiento.

Solo vida
en cada imagen y pensamiento.

Total entrega en cada momento.

Así es lo femenino
gatito mimado
bello y claro
que de la oscuridad
recela
por no encontrar en ella
a su amado.

Místico me vuelvo y en metafísica me deslizo. No existe placer mayor ni embeleso igual. Soy espacio y la materia en conciencia transformo. Recuerdo al dios judío y a su cabalístico apodo.

El Tetragrámaton

La conciencia está en todo
desde la minúscula piedrecilla,
la redondeada gota de rocío,
el perro y la galaxia.

Es en la tridimensionalidad
que se sustenta
al penetrar
en desigual medida
en la cuarta...
residencia de quien observa.

Tetragrámaton es el Observador
de la conciencia
quien desde la
tetradimensionalidad
atestigua.

Es el ser humano
penetrando cual ninguno
quien comprende
lo antes dicho.

Es al entenderlo
que se percata de
que su verdadera misión
aquí en la Tierra
es la conciencia
rescatar de toda materia.

Lo que me viene en mente es que me encuentro en todo
lo que escribo. Escribo desde detrás del texto y mezclo pro-
sa y verso en un nuevo intento por darle frescura a mi vida.

Recuerdo a Costa Rica, país jardín todo lleno de encan-
to, y a su selva y, entre dos ríos, una hacienda divina, Sibu-
ju, desde la cual un día fui viento...

Viendo llover desde Sibuju

El verde donaire
de los bananos,
espejos sinuosos
del agua.

Los grises plateados del cielo
pintando matices
en todo.

El sonido del río,
la calma.

Y yo desde dentro
queriendo volcarme
la piel hacia fuera
para serlo todo.

En conciencia de Unidad, todo es Uno. No existe separación entre quien ve y lo visto. Todo contesta y cada evento enseña que:

El que ve, la visión y lo visto son Uno

Miro desde el espacio
sin un cuerpo limitado
como si al ver,
la visión, el que ve y lo visto
sean lo mismo.

La visión se ve a sí misma
sin sujeto
yo y tú somos lo mismo.
¡Oye, oh, Israel!

el Señor nuestro Dios
es Uno
como el que ve,
la visión y lo visto.

27

Renacimiento

La imposibilidad es mentira
de quien confunde la vida
con el encierro forzado
de la estructura
que él mismo ha creado.

De pronto, murallas inmensas
ocultan la luz verdadera
encarcelan el sol
destruyen la vista.

Sofocan, asfixian
sin comprender
que los propios pensamientos
la cárcel ha inventado.

Tan fácil verlos desde fuera
tan arduo desde dentro,
sencillo es transformarlos
cuando la mente
se ha trascendido.

Imposible observarlos
cuando por temor de abandono
se prefiere no cuestionar
el propio encierro.

Pero al dar el paso
confiando en la muerte
reconociendo el infinito
que en cada cual florece,
se despierta la alegría
la esperanza se entremete
transformando la oscuridad
en vida.

Alabado sea el instante
cuando la muralla se agrieta
y a través de la apertura
se vislumbra el rocío,
el olor a tierra mojada penetra
iluminando el alma
de pasión bienvenida
haciendo vibrar las cuerdas
dormidas
de amor, amor renacido.

*Allí, en ese instante
se decide la vida.*

*Con poder inmenso
la muralla cae herida,
y la danza se activa.*

*El nuevo ser despierta
como bebé recién nacido,
postrándose agradecido
entre estrellas luminosas
condición sublime
de humildad reconocida
ante el poder de la vida.*

¡Cuántas veces la culpa se entremete y la desconfianza
florece penetrándolo todo y matizándolo de lúgubre sentido! En cambio, todo cambia cuando uno se perdona…

*Descubrí qué regalo
me fue dado
en un cuerpo sano
de cerebro expandido
mente aguda
corazón entero.*

*Que de todo ello
por errores
no he hecho uso adecuado,
me he desperdiciado,
no he extraído de mi propia*

materia,
toda la conciencia.

Culpable soy del deterioro
que mi limitada conciencia
en mi sabio cuerpo
ha producido.

Pero hoy, sabiendo
todo lo que no he aprovechado,
me perdono y ruego
por sabiduría suficiente
para poder respetar
lo que me fue dado.
Perdonarme a mí mismo
es el comienzo
de mi nuevo nacimiento.

Aceptar lo que mi cuerpo pide
acallar el diálogo interno
tan pequeño, limitado
diminuto verdugo
que cree saberlo todo
cuando ni siquiera
su regalo
ha comprendido
ni respetado.

28

AMOR VERDADERO

*Por fin comprendo
el amor es otorgamiento
nunca retorno.*

*El que ama no persigue
ser recompensado
en ningún intercambio.*

*Se libera
quien a otro ha liberado.*

*Ama quien no pide
nada a cambio.*

*Solo dar de sí,
solo amando.*

SOLO AMOR

*Quien a la razón se ofrece
tejiendo con ella todo…
perece,
olvidando en su sacrificio
que corazón y alegría
con la lógica no florecen.*

Es en el amor
que la estructura se entumece
alumbrando el alma de osadía
fulgor intenso ante el cual
la red se desvanece.

Solo amor es la respuesta,
solo amor.

Fui enseñado al acto ofrecer pleitesía. Obras y misiones, metas perseguidas. No parar ni saborear lo ganado. Siempre perseguido y persiguiendo. Nadie me explicó que basta con la vida y que es la existencia su único sentido…

Las mismas conclusiones
pero en proceso penetrando,
gozo inmenso
el tiempo lentificando.

Ningún pensamiento
se pasa por alto
y la razón de la existencia
proyecciones y veredas
a la luz del sol vislumbrando.

Si con ello
la amaba acompañando
¡qué más de la vida
el hombre anhelando!

Nada; solo vida
intensamente viviendo.

Tiene el amor tantos secretos y proviene, al igual que el
Observador, de más allá del universo.

Paradójico suceso
que el amor que siento
del centro del universo emanado
plutoniana fuerza
poder inmenso
lo vislumbre como desaliento
lo vea en ocaso
de debilidad investido.

Culpa es de mis muertos
que desconocen el sentimiento,
lo confunden con su aliento
apestando hábitos de encierro
estructuras mediocres
de seguridad malsana.

Solo lo concreto han visto
y su cuerpo ya marchito
en lugar de darlo al viento
al sol y al riesgo
lo ofrecen a los gusanos
que en su húmeda tumba
se alimentan de la podrida carne

regocijados con el calor
que despiden los jugos
fermentados,
los pezones putrefactos.

Terrible error
sacrificar el sol cálido de la
vida,
no entregarse cuando Dios
otorgaba ritmo y movimiento.

Confundir el amor que siento
por debilidad de desaliento
sin saber que la entrega
proviene del centro del
universo.

29

Tampoco la libertad anhelo porque también ella como el amor tiene tantas medidas y misterios…

¿Cómo es posible, me digo, que nada de esto sea enseñado, que en las escuelas no sea visto y analizado, sentido y experimentado?

¡Qué ganas de recuperar lo perdido, desaprender lo aprendido!

¡Implantar un nuevo orden, más bendito!

No es la libertad lo que busco sino algo más allá, más entero y directo. Libertades he conocido y no me arrepiento. Una de ellas, la ganada respeto, pero otra intensamente rechazo…

La libertad obligada

Grito ahogado que se revuelve
dentro
porque en ella creí encontrar
lo que encuentro.

Oscura la libertad obligada
¡cuando la ganada
atrás ha quedado!

Cuando después de haber
atravesado
tanto camino,
solo deseo entrega
de mujer madura
y en respuesta… miedo.

Cuando del amor entero
tan deseado
ella defiéndese asustada
por no comprender
lo que ofrezco.

Tendrá que aprender
que más allá del deseo
vestido de espacio y tiempo
existe el intento
suave claridad
que va en profundo

30

Me doy cuenta de que Katya era un sueño por mi mente inventado, un pretexto para mi corazón dormido despertarlo.

Conseguí hacerlo y de tanto corazón activado, poco a poco se me fue olvidando todo.

Un espejismo por un filtro de mi mente activado. Un señuelo para ser atrapado. Pero he despertado y recordado. Soy lo que soy y por nadie transformado. Tal como soy debo ser amado y respetado. Nada hay en mí indigno ni despreciable. Por ella encontré mi corazón y por ella perdí mi alma. Pero la he recuperado. Recordé quién soy y con la visión una imagen de muy antaño. Una calle de tierra y una casa encalada. Una mujer descalza de vestido áureo esperando. El viento soplando y a su través pasando. La visión se completó al recordar su nombre; la gemela de mi alma, la ansiada compañera, la pareja real y bendecida. La dueña de mi amor… Miriam. Miriam tan deseada y anhelada, tan cercana y clara, tan amada porque su presencia basta para desaprender lo aprendido, olvidar los engaños, ser quien soy sin altibajos.

La encontré esperándome, igual que en la visión por viento acariciada, descalza y con vestido blanco adornada. Supe que era ella sin ninguna duda y lo confirmé cuando oí sus primeras palabras: "¡Por fin has llegado!".

Cuando uno se confunde con el otro, no puede amar. Es solamente con distancia que se puede ver la realidad. Cuando cada quien es íntegramente diferente se pueden unir. Fundidos en uno son más que cada quien. Son dos y uno y por tanto infinitos dos en uno.

Delicada y bella, misteriosamente femenina. Me asombra tu ternura y capacidad de entrega, tus movimientos son dulces y eres capaz de darte completa sin ocultarte pero conservando tu pudor fascinante y tu contacto con la Tierra. Oh, Miriam, lees mi mente y reconoces mi esencia y alimentas mi espíritu. La felicidad por haberte encontrado no tiene medida. Por fin puedo decir que vivo totalmente. Katya fue una pesadilla, un mal sueño, un veneno impuro que se me impuso y ante el cual me sometí perdiendo mi dignidad y autoestima.

Las dos mujeres, pero una impura y malsana, y tú, una diosa. Katya, la muerte; tú, la vida.

31

Miriam, hoy te conté de Katya y, casi a punto de llorar, comenzaron a caer relámpagos y el cielo se cubrió de nubes y comenzó a llover. No existe mejor forma de hacer lluvia que esta; un llanto contenido. Tú estuviste de acuerdo y ambos nos regocijamos por el descubrimiento.

Cuando en la infancia se reprime un sentimiento, este aparece en la edad adulta junto con toda la lógica que ha sido resguardada. Todo debe cumplirse y manifestarse, y en las leyes de la aparición de lo reprimido están contenidas todas las vicisitudes que de pequeño no pudieron ser experimentadas.

Esto también lo comprendiste y fue claro que el lenguaje se activa cuando existe quien realmente escuche.

Estar contigo, ¡oh, Miriam!, es como nacer de nuevo. Nada te es ajeno y no necesito esforzarme para darme a entender. Todo es claro y mágico como ese hacer llover con la emoción o ese entender sin explicar o convencer.

Una luz blanca surgió del cielo y te asustaste. Creíste retroceder cientos de años y te visité en Jerusalén. Del cielo cayó granizo y tú lo tomaste entre tus manos y lo bebiste porque necesitabas pureza celestial y aquello era lo más cercano a ella. Recordaste tus diálogos de niña con los fantasmas y la forma en la que aparecían y desaparecían las monedas que te hacían enterrar. Eres la magia y la inocencia juntas. Se mezclan en ti la fortuna y la justicia junto con la belleza. Todo lo que haces y dices involucra a tu persona entera. Crees en mí con una confianza a toda prueba. No hay en ti malicia ni intención malsana. Eres completamente mujer y así te expresas.

Siempre vives en una novedosa aventura y a ella te entregas toda. Tu piel es la sensualidad pura y tu boca un manjar delicioso. Te gusta recorrer mi cuerpo extrayendo de cada parte todo el placer allí contenido. Te conectas con la fuente de toda dulzura y eso comunicas. Hacer el amor contigo es vivir el paraíso siempre nuevo y delicioso. Descubres los movimientos precisos y las caricias exactas para transformar lo cotidiano en divino. Tu cuerpo siempre está dispuesto para el amor y me lo entregas completo y fresco, candente y novedoso, mágico y misterioso. Ningún juicio te describe, ningún pensamiento te contiene. Estas más allá de explicaciones o técnicas. Cambias a cada instante y en todo te ofreces entera.

Cuando confías idealizas y de cada frase oída comprendes lo obvio, lo que en realidad significa. Cuando desconfías eres implacable y demoledora. Si ves a alguien, descubres sus más recónditos secretos, pero del hombre que amas solo vislumbras lo bueno. No me canso de verte, ni me fatigo de oírte y tocarte. Eres un misterio bendito, la complejidad toda, y eres mía como lo puede ser una flor recién nacida, una semilla flotando en la espesura, girando con el viento de un bosque encantado. Nada puede poseerte, pero tú posees a todo aquel que observas. Eres la fuerza personificada, pero la debilidad encantadora en ti también florece, así simultáneamente y sin contradicciones.

Miriam, te extraño pero hay alguien antes que tú, alguien que siempre he buscado. Por más real que seas también eres un espejismo.

32

Llegó una mañana a verme. Tenía 17 años y era ciega de nacimiento. Se llamaba Mayra y su fisonomía me recordó una *dakini* tibetana. Venía acompañada de sus padres y una perra guía.

Se sentó frente a mí y me dijo que habíamos sido hermanos gemelos en Egipto. Me contó la historia de nuestra vida como esclavos del faraón y de nuestra muerte en las faldas del monte Sinaí.

Me dijo que la ayudara a ver con las manos y yo accedí. Durante tres meses le enseñé visión extraocular y a medida que esa función se despertaba, comenzó a recordar su origen.

Me dijo que provenía de Alyón y que se llamaba Dalinme. Yo era originario de Andrómeda y mi nombre había sido Adaesuz. En su presencia, mi mente recordaba y ella corroboraba los detalles de mis memorias. También entendí el lamento y la predicción del Ari; ¡en dos vidas más aquello sucedería!

Ahora, después de haber recordado, espero la llegada de Kardam, mi padre original. En algunas sesiones con Mayra, ella dice reconocerlo y me incita a hablar con él. Yo no he podido hacerlo. Lo he intentado varias veces pero sin éxito. Es posible que sea por temor. No me puedo imaginar viviendo en otro planeta porque, después de todo, mi hogar ya no depende de un lugar o paraje; está dentro de mí y lo llevo a todos lados.

Me parece que eso he aprendido. Yo, en esta vida llamado Pedro, así, por fin, lo he comprendido.

Me he congraciado con la mujer y la veo ya desde otra perspectiva. Todo está entrelazado y lo que se hace deja huella. Aprendo a no requerir justificaciones para la existencia y a situarme siempre, en el límite de mí mismo. Solamente allí se es, sin planes preconcebidos, y se actúa con espontaneidad. Mi único compromiso es ser mí mismo y avanzar en el amor porque esa es la fuerza que mueve al universo y lo mantiene vivo.

Después de todas las experiencias en tantas vidas y sobre todo a partir de mis vivencias con Katya, he comenzado a comprender que existe una sabiduría que se encuentra más allá de mi persona y de todas las nociones que poseo acerca de la realidad. Cada vez que me he opuesto a los designios del espíritu, he muerto, y llevo tantas muertes a mi cuenta que lo único que deseo es fluir aun a costa de no entender.

Sin embargo, todavía no soy capaz de ser feliz al vivir sin comprender, aunque mi nivel de entendimiento ya no es el usual; se ha transferido a una esfera silenciosa en la cual todo asombra…

Lo más extraordinario es ser capaz de sentir. En ocasiones, al ver un color, sentir un placer o un dolor, me "instalo" en la conciencia a partir de la cual surge la sensación. Siempre es la misma y su principal característica es que brilla con luz propia.

Últimamente, soy capaz de aceptar lo que siento y vivo en el nivel en el cual siento y vivo, sin pretender reducirlo a explicaciones o conceptos. Me acepto como ser humano y aprecio las experiencias que me brinda mi condición sin querer más. Cuando conservo esta apreciación y esta conciencia no puedo más que maravillarme y ser humilde.

Esto es lo que he aprendido y a esto me han conducido tantas vidas y tantas muertes.

Kardam, mi padre verdadero, no ha aparecido, quizás porque todavía no cumplo lo que se pretendía que aprendiese o quizás porque ya no lo espero. Si apareciera para llevarme con él, quizás me negaría. No lo puedo afirmar con certeza, pero ya no puedo concebir diferencia alguna entre la vida en este planeta o en cualquier otro. En todos, la conciencia del sentir es la misma y eso basta.

AGRADECIMIENTOS

Gracias a mi padre amado, por dejar a la humanidad este regalo tan grande en todos sus textos e investigaciones. Gracias por haber tenido el atrevimiento de ahondarse en lo más profundo y darnos con sus letras una ventana para comprender un poco más nuestra naturaleza.

Gracias por ser uno de los pioneros en la investigación científica de la conciencia.

Gracias, padre, por enseñarme tantas cosas, acompañarme y cuidarme siempre con tanto amor.

Gracias a mi madre por siempre estar presente y siempre recordar a mi padre con respeto y cariño.

Gracias a mis hijas Ixchel y Leilani, por traer dentro esa herencia llena de sabiduría. Gracias por cuidar con tanto amor el legado de su abuelo.

Gracias a Nicolás por ayudar tanto en la recuperación de la obra de mi padre.

Gracias a la música por ser un canal tan sutil de comunicación con mi padre.

Gracias a todos los amigos entrañables de Jacobo.

Gracias a la familia.

Gracias a todos los científicos que han seguido la investigación en sus laboratorios.

Gracias a la UNAM por apoyar siempre el trabajo de mi padre.

Gracias a Penguin Random House por difundir el trabajo de Jacobo Grinberg en esta nueva edición de sus libros.

Gracias a la humanidad por estar llena de luz a pesar de todo lo que hemos y estamos pasando… Somos seres hermosos, parte de este universo que lo es todo… Somos polvo de estrellas.

Gracias, padre, donde sea que te encuentres. Te amo en lo más profundo de mi ser.

Estusha Grinberg

Esta obra se terminó de imprimir
en mes de febrero de 2026,
en los talleres de Corporativo Prográfico, S.A. de
C.V. Ciudad de México